W0260896

Bélafi · Ferdinand Graf von Zeppelin

Bélafi · Ferdinand Graf von Zeppelin

1 Ferdinand von
Zeppelin (8. 7. 1838
bis 8. 3. 1917)
(Nach einem
Gemälde von
Bernhard Pankok)

Biographien
hervorragender Naturwissenschaftler,
Techniker und Mediziner — Band 86

Ferdinand Graf von Zeppelin

Dr. Michael Bélafi, Tharandt

Mit 30 Abbildungen

3., verbesserte Auflage

Springer Fachmedien Wiesbaden GmbH 1990

Herausgegeben von
D. Goetz (Potsdam), I. Jahn (Berlin), H. Remane (Halle),
E. Wächtler (Freiberg), H. Wußing (Leipzig)
Verantwortlicher Herausgeber: E. Wächtler

Bildquellenverzeichnis:
Deutsche Photothek Dresden: 1, 2, 5a, 6, 7
Zeppelin-Archiv Bodo Jost: 13, 18, 22, 24, 26
Archiv des Verfassers: 3, 4, 5b, 8, 9, 10, 11, 12, 14, 15, 16, 17, 19, 20, 21,
23, 25, 27, 28, 29, 30

Bélafi, Michael:
Ferdinand Graf von Zeppelin/Michael Bélafi. –
3. Aufl. – Leipzig: BSB Teubner, 1990. – 144 S.: mit 30 Abb.
(Biographien hervorragender Naturwissenschaftler, Techniker und
Mediziner; 86)
NE: GT

ISBN 978-3-322-00402-4   ISBN 978-3-663-10058-4 (eBook)
DOI 10.1007/978-3-663-10058-4

ISSN 0232-3516
© Springer Fachmedien Wiesbaden 1987, 1988, 1990
Ursprünglich erschienen bei BSB B. G. Teubner Verlagsgesellschaft, Leipzig, 1990

3. Auflage
VLN 294-375/191/90 · LSV 3878
Lektor: Hella Müller

Bestell-Nr. 666 287 8

Inhalt

Aus der Vorgeschichte des Zeppelins

Die Entwicklung des Flugprinzips
„schwerer als Luft"

Der Traum, sich wie ein Vogel in die Lüfte zu erheben und wie diese zu fliegen, ist sicherlich so alt wie die Menschheit selbst. Zeugen dieses uralten Wunsches begegnen wir noch heute bei der Betrachtung antiker Kultgegenstände und beim Studium der Religionen. Die Menschen stellten sich die Götter als vollendete Wesen vor: Sie alle waren flugfähig! Fliegen zu können galt als eine der wichtigsten göttlichen Eigenschaften überhaupt.
In der Ikarus-Sage wird uns darüber hinaus anschaulich geschildert, daß es sich nicht geziemt, es den Göttern gleichtun und fliegen zu wollen. Ikarus stürzte mit seinen selbstgebauten Flügeln ins Meer, weil er sich zu hoch über die Erde erhob und der Sonne so nahe kam, daß deren Wärme das Wachs zwischen den zusammengeklebten Federn schmelzen ließ.
Noch Jahrhunderte später erschauerten die Menschen über diese Freveltat des jungen Ikarus – ohne jedoch ihren Traum vom Fliegen aufzugeben.
Es sollten noch Jahrtausende vergehen, ehe der Wunsch, fliegen zu können, verwirklicht war. Am Anfang dieses langen, dornenreichen Weges stand aus naheliegenden Gründen die Vorstellung, der Mensch könne das Fliegen ebenso erlernen wie das Schwimmen im Wasser. Man brauche also lediglich den Vogelflug genau zu studieren, ihn zu kopieren oder eigene individuelle Techniken zu entwickeln und diese dann zu trainieren. Aber aus zunächst unerklärlichen Gründen verweigerte das Medium Luft den Menschen auf diese Weise den Zutritt. Auch die Hoffnung, dressierte starke Vögel, vergleichbar mit Pferden, die man vor Kutschen und Sänften spannte, als Trag- und Zugtiere einzusetzen, schlug fehl. So gehört der von vier Adlern getragene Thronsessel des persischen Königs Xyaxares ebenso in das Reich der Legenden wie der auf einem Pfeil dahinfliegende skythische Magier Abaris. Über den tollkühnen Ritt des Lügenbarons Münchhausen auf einer Kanonenkugel schmunzelten schon unsere Vorfahren ebenso wie über das andere Flugmärchen Münchhausens, wonach dieser an-

geblich durch Wildenten aus einem Sumpf gezogen wurde. Aber je hartnäckiger sich die Natur verweigerte, um so sehnsuchtsvoller wurde der Wunsch zu fliegen und um so phantastischer und kühner wurden die Projekte dafür, ohne dadurch der Realisierung des Traumes vom Fliegen näher zu kommen.

Gedanken und Ideen allein bringen noch keinen Fortschritt, aber sie stellen seine wichtigste Prämisse dar. In der Jahrtausende alten Vorgeschichte der Luftfahrt lernten die Menschen besonders nachdrücklich, daß Phantasie und kühne Ideen nur dann weiterhalfen, wenn es damit gelang, Naturgesetzen auf die Spur zu kommen, die man sich zu eigen machen mußte, wollte man sich in die Lüfte erheben.

Der um die Mitte des 13. Jahrhunderts lebende bedeutende englische Philosoph und Naturforscher Roger Bacon erkannte die Wichtigkeit des Experimentes und der Erfahrung der Sinne als Kriterium der Wahrheit im allgemeinen und in der Flugtechnik im besonderen, aber er schreckte davor zurück, aus dieser Erkenntnis selbst die Konsequenzen zu ziehen: In seiner Schrift „Über die geheimen Werke der Kunst und der Natur" entwarf er einen Mechanismus, mit dem der Mensch künstliche Flügel in Bewegung setzen konnte – ausprobiert hat er ihn nicht.

Obwohl der geniale Mathematiker und Künstler Leonardo da Vinci auf Grund vergleichender anatomischer Untersuchungen zwischen Vogel und Mensch feststellte, daß die getreue technische Nachbildung eines Vogelflügels zu schwierig sei, und gleichzeitig überzeugend nachwies, daß die menschliche Kraft bei weitem nicht ausreicht, um dem gewaltigen Druck, der auf den Flügeln lastet, standzuhalten oder gar die Flügel zu bewegen, versuchte zum Beispiel noch Jahrhunderte später der berühmte Ballonpilot Blanchard, auf diese Weise das Fliegen zu lernen. Da Vinci kam, wie schon Bacon, zu der außerordentlich weitreichenden Erkenntnis, daß der Mensch beim Fluge völlig getrennt sein müsse vom eigentlichen Flugapparat. Er entwarf selbst mehrere solcher Maschinen. Allerdings, ganz überzeugt war da Vinci offenbar nicht von seinen Flugapparaten, denn er probierte keinen aus und riet allen Piloten, sich zuerst auf dem Wasser zu versuchen, damit sie sich bei einem etwaigen Absturz nicht verletzten.

Fast vierhundert Jahre später schwamm übrigens die Starthalle des ersten Zeppelins ebenfalls auf dem Wasser, im Bodensee.

Hatte dessen Erbauer, Ferdinand von Zeppelin, ähnliche Gedanken wie da Vinci?

Über Jahrhunderte blieb die Geschichte der Luftfahrt eine Geschichte der Ideen. Wichtigster Anhaltspunkt für die Erfinder von Flugapparaten blieb nach wie vor das natürliche Vorbild – der Vogelflug.

Nach vielen schmerzlichen Erfahrungen mußte der Mensch erkennen, daß er niemals selbst das Fliegen lernen könne, und auf diesen Anspruch verzichten. Zum Fliegen bedurfte er – daran gab es nun keinen Zweifel mehr – eines noch zu ersinnenden Hilfsmittels, des Fluggerätes.

Diese Beschränkung auf Gedanken und Vorstellungen zeigt einerseits die Notwendigkeit theoretischer Voraussetzungen und ist andererseits Ausdruck eines fehlenden Bedarfs der Gesellschaft nach Luftfahrt. Es gab keinen Arbeits- und Lebensbereich des Menschen, der zu seiner Weiterentwicklung unbedingt die Luftfahrt erforderte. Deshalb standen jene Erfinder oft genug im schlechtesten Licht der Öffentlichkeit, weil sie sich mit „unnützen Dingen" beschäftigten.

Die weitreichendsten theoretischen Einsichten in das Problem „schwerer als Luft" und die daraus abgeleiteten erfolgreichsten

2 Otto Lilienthal mit seinem 1893 erbauten zusammenlegbaren Flugapparat

praktischen Versuche sind untrennbar mit dem Namen Lilienthal verbunden.

Schon als Kind untersuchte Otto Lilienthal die Gleichgewichtsbedingungen an Vögeln und erkannte die Bedeutung des physikalischen Schwerpunktes beim Fliegen. Später baute er große Gleitflieger, und es gelang ihm tatsächlich, von einem kleinen, künstlich aufgeworfenen Hügel in der Nähe von Berlin aus ins Tal zu gleiten.

Die späteren Lilienthalschen Gleitflüge bewiesen die Brauchbarkeit der Tragflächen, der rückwärts angebrachten Seitensteuer, die Anordnung des Schwerpunktes im Flugapparat sowie die Möglichkeit, durch Verlagerung des Schwerpunktes gewisse Steuerfunktionen auszuführen.

Lilienthal war gerade dabei, einen Motor in seinen Gleitflieger einzubauen, als ihn am 9. August 1896 ein tragisches Schicksal ereilte. Bei einem seiner zahlreichen Flüge kippte sein Flugapparat um 90° nach vorn und stürzte ab. Lilienthal starb an den Folgen seiner Verletzungen.

Nun darf aber nicht übersehen werden, daß auf andere Art, als es Lilienthal versuchte, schon zu dieser Zeit sich Menschen in die Luft erhoben hatten: im Ballon und im Luftschiff. Die Aufsehen erregenden Versuche von Montgolfier, Charles, Blanchard, Gay-Lussac, Giffard, Tissandier, Krebs und Renard u. a., in die Luft vorzudringen, waren bis dahin an dieses Flugprinzip gebunden.

Die folgende Übersicht soll dem Leser die Einordnung des Luftschifftypes „Zeppelin" in das System der anderen Luftfahrzeuge erleichtern. (Dabei blieben die Hubschrauber und Raketen unberücksichtigt, weil sie für die Entwicklung der Zeppeline keine nennenswerte Bedeutung besaßen.)

Der Freiballon ist im Unterschied zum Luftschiff nicht steuerbar und kann sich auch nicht gegen den Wind bewegen. Allen Luftschiffen gemeinsam ist das Vorhandensein eines Tragkörpers, der mit Gas gefüllt ist, das leichter ist als Luft, sowie eines Antriebs- und Steuermechanismus. Sie unterscheiden sich voneinander vor allem durch die Existenz bzw. die Bauart eines Gerüstes, über das die Ballonhaut gespannt wird und an das einzelne Gaszellen (sogenannte Ballonetts) und Gondeln gehängt werden können.

Pralluftschiffe besitzen kein solches Gerüst. Die Ballonform wird

Übersicht über bemannte Luftfahrzeuge

Flugprinzip	schwerer als Luft		leichter als Luft					
Physikalisches Prinzip	dynamischer Auftrieb		statischer Auftrieb					
Gruppeneinteilung	Gleitflieger (ohne Motor)	Flugzeug (mit Motor)	Freiballon (ohne Motor)		Luftschiff (mit Motor)			
Kennzeichen			Heiße Luft	Traggas	Ganzmetall	starr	halbstarr	unstarr
Bedeutendster Erfinder	Lilienthal	Wright	Montgolfier	Charles	Schwarz (gescheitert)	ZEPPELIN	Lebaudy	Parseval
Jahr	1891	1903	1783	1783	1897	1900	1903	1906

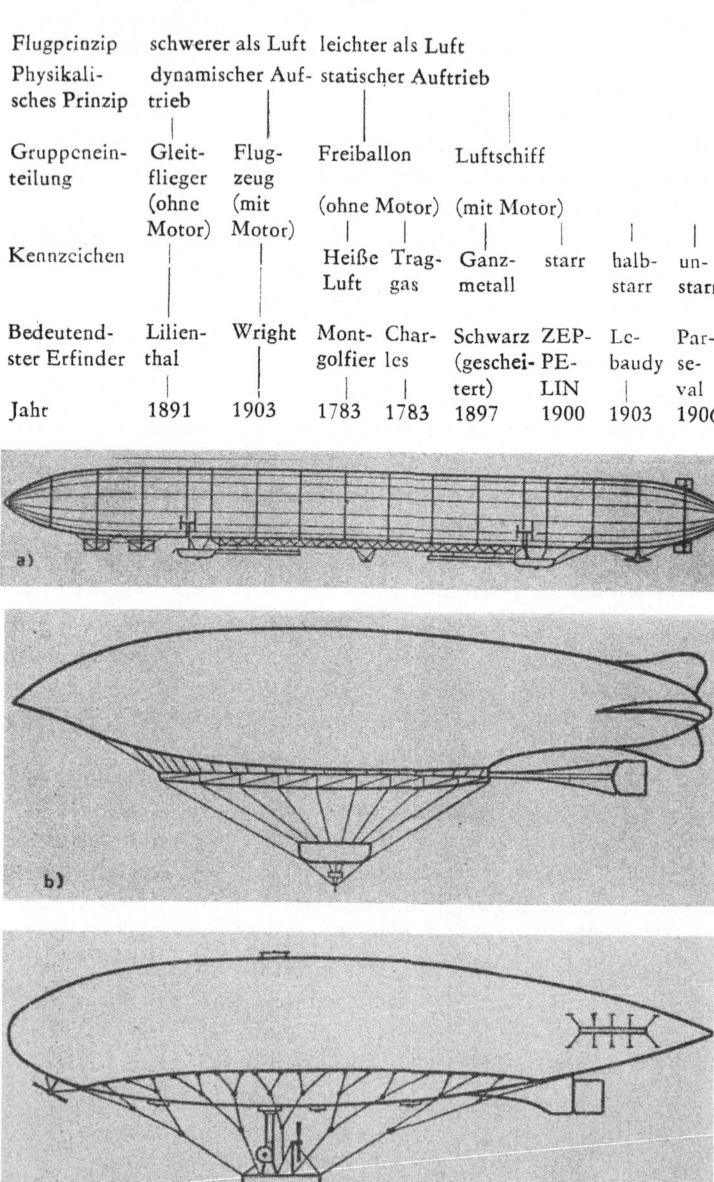

4 Die Karikatur aus dem „Simplicissimus" vom 7. 6. 1909 will den Sieg des starren Flugsystems (Zeppelin) über das halbstarre (Groß) zeigen [20]

mittels Gasüberdruck im Innern des Ballons nahezu konstant gehalten. Die Gondeln für die Motoren und die Besatzung werden an Seilen am Ballon befestigt.

Die halbstarren Luftschiffe, z. B. des Lebaudy-Typs, haben ein starres Kielgerüst, das die Formstabilität des Tragkörpers auch bei Gegenwind gewährleistet. Deshalb kann der Ballon mit etwas geringerem Gasinnendruck auskommen als beim unstarren Typ. Die Gondeln sind starr am gerüstlosen Tragkörper angebracht. Über die Vorteile des starren Luftschiffes wollen wir den Erfinder dieses Systems selbst zu Wort kommen lassen. Anläßlich der Verleihung der Grashoff-Medaille durch den VDI an Zeppelin am 29. Juni 1908 in Dresden sagte dieser:

Der Hauptwert des starren Baues liegt darin, daß hierdurch die äußere Gestalt des starren Luftschiffes gewährleistet wird, die für die Steuerfähigkeit und damit für die Sicherheit unentbehrlich ist: Die Form ist dann nicht wie bei den unstarren Bauarten vom richtigen Arbeiten von Gebläsen zur Erzeugung eines bestimmten Innendruckes mittels Luftsäcke (Ballonetts) im Gasballon abhängig. [28, S. 6]

---

3 Schemata der drei bekanntesten Luftschiffsysteme
   (ohne Einzeichnung der Gaszellen bzw. Ballonette)
a) starres Luftschiff (Graf Zeppelin, LZ 1)
b) halbstarres Luftschiff (Lebaudy-Juillot-Luftschiff)
c) unstarres Luftschiff (Parseval-Luftschiff)

5 a) Ballongerüst des LZ 127 „Graf Zeppelin". Ganz deutlich ist die feine
Verästelung des Aluminiumgerüsts zu erkennen, die die Starrheit des Tragkörpers bewirkte

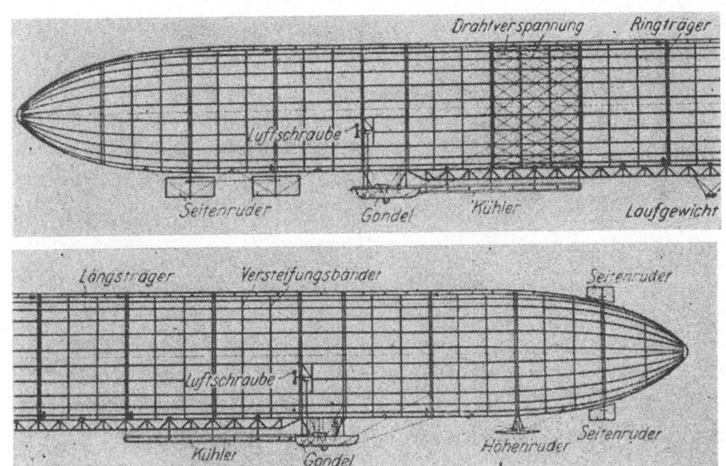

5 b) Längsschnitt des LZ 1 [3, S. 20]

Während die Konstrukteure Schütte und Lanz leichtes Holz als
Gerüstmaterial verwendeten, benutzte Graf Zeppelin das leichte
Metall Aluminium.

Der Ungar David Schwarz baute als erster ein lenkbares Starrluftschiff, dessen Hülle aus Aluminium bestand. Nachdem dieses
Luftschiff am 3. November 1897 in Berlin bei seinem ersten
Aufstieg zerschellte, wurde kein weiteres Ganzmetalluftschiff
gebaut. Schwarz hat das Ende seiner Erfindung nicht erlebt, da er
schon am 13. Januar 1897 verstarb.

Noch zu Lebzeiten Lilienthals entwickelte sich die Flugfrage immer mehr zu einer Motorfrage, denn jede Translation in der Luft
gegen beliebige Luftströmungen erfordert einen geeigneten An
trieb. Dafür sind Motoren notwendig, weil, wie bereits da Vinci
begründen konnte, die menschliche Kraft dafür nicht ausreicht.

Den Flugpionieren standen jedoch um die Jahrhundertwende noch
keine tauglichen Motoren zur Verfügung. Die vorhandenen
Dampfmaschinen, Verbrennungsmotoren und Elektromotoren waren zu jener Zeit allesamt viel zu schwer, um einen Gleitflieger
zu steuern oder gar erst aufsteigen zu lassen.

Erst der Automobilbau und hierbei insbesondere der Automobil-
rennsport forderten einige Jahre nach der Jahrhundertwende
technisch bessere Motoren, die sich durch eine gründlichere Ver-

wertung des Brennstoffes, ein günstigeres Leistungs-Masse-Verhältnis sowie durch eine hohe Zuverlässigkeit auszeichneten.

Von den Gleitflügen der Brüder Lilienthal führte die weitere Entwicklung des Flugprinzips „schwerer als Luft" direkt zu den Brüdern Wright. Auf der Grundlage eingehender Studien des Vogelfluges bauten sie um die Jahrhundertwende einen Doppeldecker-Gleiter, womit ihnen zwischen 1900 und 1903 mehr als eintausend erfolgreiche Flüge gelangen.

Doch die Wrights begnügten sich nicht mit Gleitflügen. Ihr erklärtes Ziel war die Verwirklichung des uralten Traumes der Menschheit, sich den Vögeln gleich durch die Lüfte zu bewegen. Da ihnen dafür aber auch kein geeigneter Motor zur Verfügung stand, konstruierten sie eigens für ihr Projekt einen 110 kg schweren und knapp 9 kW starken Viertakt-Benzinmotor. Am 17. Dezember 1903 starteten sie zum ersten Mal und eröffneten damit gleichzeitig die Ära des Motorfluges. Auch in den Jahren danach gehörten die beiden Wrights zu den erfolgreichsten Vertretern der Flugzeugtechnik, und sie stellten in verschiedenen Ländern Europas und den USA mehrere Höhen- und Dauerflugweltrekorde auf.

Von nun an entwickelte sich die Flugzeugtechnik dynamisch. In Europa gelang dem Brasilianer Santos-Dumont der erste freie Motorflug. Er legte mit seinem Flugzeug ganze 50 Meter zurück und gewann damit im Jahre 1906 den sogenannten Archdeacon-Preis in Höhe von 50 000 Francs. Bereits drei Jahre später, am 25. Juli 1909, überflog erstmals ein Flugzeug den Ärmelkanal. Der Pilot war der Franzose Louis Blériot. Er benötigte dafür 27 Minuten und landete buchstäblich mit dem letzten Tropfen Benzin auf englischem Boden.

In Deutschland machte um diese Zeit besonders der Flugpionier Hans Grade auf sich aufmerksam. Er flog am 30. November 1909 mit einem selbstkonstruierten Flugzeug in zehn Meter Höhe um zwei in die Erde gerammte Pfähle eine liegende Acht und erhielt dafür den begehrten Lanz-Preis über 40 000 Mark. Es sei an dieser Stelle etwas vorgegriffen: Mit dieser Leistung Grades wurde wiederholt, was vor ihm bereits den französischen Hauptleuten Krebs und Renard in einem Luftschiff gelang. Doch von nun an entwickelte sich auch in Deutschland die Flugzeugtechnik sehr stürmisch.

Die vorzeppelinsche Ära der Luftschiffahrt

Mit diesen Ausführungen wollen wir die Spur der Geschichte des Flugprinzips „schwerer als Luft" verlassen und unsere weitere Aufmerksamkeit auf die Erfindung des Zeppelin-Luftschiffes richten.

Für Ballons und Luftschiffe gab es im Unterschied zum Flugzeug keine Vorbilder in der Natur. Sie waren Zeugnis der Entdeckung von Naturgesetzen, wie zum Beispiel auf den Gebieten der Aerostatik, der Thermodynamik und der Aerodynamik.

Ein Luftschiff weist drei wesentliche Merkmale auf, die in dieser chronologischen Reihenfolge technisch bewältigt werden mußten:

Es kann schweben wie ein Ballon. Das setzt die Lösung des Suspensionsproblems voraus.

Es ist steuerbar. Das erfordert ein Mindestmaß an aerodynamischen Kenntnissen und einen geeigneten Antrieb.

Es kann sich unabhängig von Luftströmungen bewegen. Bedingungen dafür sind der Einbau leistungsfähiger Motoren und die umfassende Anwendung meteorologischer, aerodynamischer und aerostatischer Kenntnisse beim Bau und während der Führung des Luftschiffes.

Die Geschichte der Entwicklung der Luftschiffe beginnt lange vor Zeppelin. Sie läßt sich in folgende vier Hauptetappen gliedern:

Die Bewältigung des Suspensionsproblems bis 1783.
Die Ballonära von 1783–1798.
Die Lenkbarmachung des Ballons und der Übergang zum Luftschiff zwischen 1852 und 1884.
Die aerodynamische Beherrschung des Translationsproblems ab 1906.

Die Bewältigung des Suspensionsproblems bis 1783

Es sind eine ganze Reihe grundlegender physikalischer und chemischer Kenntnisse notwendig, um Körper so zu konstruieren, daß sie in der Luft schweben können.

Die Entdeckung des Flugprinzips „leichter als Luft" geht strenggenommen auf Archimedes zurück, der es allerdings in einem gänzlich anderen Zusammenhang aufspürte und nicht im entferntesten geahnt hat, was mehr als zweitausend Jahre später kühne und wagemutige Techniker daraus schlußfolgerten und tatsächlich nachwiesen: Der Mensch kann unter Zuhilfenahme eines besonderen Flugapparates fliegen.

Archimedes entdeckte die Gesetze des statischen Auftriebes. Er erkannte heuristisch und sinngemäß die Gesetzmäßigkeit, daß in einer Flüssigkeit auf einen eingetauchten Körper eine nach oben gerichtete Kraft – der statische Auftrieb – wirkt. In systematischen Untersuchungen stellte er dann fest, daß diese Kraft abhängig ist von der Art der Flüssigkeit und dem Volumen des eingetauchten Körpers und ebenso groß ist wie das Gewicht der Flüssigkeitsmenge, die der eingetauchte Körper verdrängt.

Lavoisier berechnete den Auftrieb eines Körpers in der Luft und in anderen Gasen und begründete, daß dieser rund eintausendmal kleiner ist als im Wasser, weil die Dichte der Gase im gleichen Verhältnis kleiner ist als die der meisten Flüssigkeiten.

Diese Erkenntnis hat für das Fliegen in der Luft eine auf den ersten Blick unlösbare technische Folge: Es sind Körper zu konstruieren, die zusammen mit dem Piloten leichter sind als die von beiden verdrängte Luft.

In der Natur scheint es nur solche Körper zu geben, die schwerer sind als Luft, die also unweigerlich das Bestreben haben, nach unten zu fallen.

Unter dem Einfluß der aristotelischen empirischen Naturforschung und besonders in Auswirkung der christlichen Scholastik kam noch Jahrhunderte später niemand auf die Idee, die Archimedische Entdeckung auf das Medium Luft anzuwenden und dahingehend auf der Grundlage neuer Experimente nach neuen Naturgesetzen zu suchen.

Die Entwicklung des Flugprinzips „leichter als Luft" wurde, wenn auch völlig unbewußt, von dem außergewöhnlich begabten Politiker und Physiker Otto von Guericke eingeleitet. Er wies im Jahre 1654 in einem Aufsehen erregenden Experiment nach, daß es möglich ist, mittels einer von ihm erfundenen Luftpumpe aus Behältern die Luft zu entfernen und so einen im wahrsten Sinne des Wortes „leeren Raum" zu schaffen.

Leider verbanden weder Otto von Guericke noch Evangelista Torricelli und Blaise Pascal, die sich ebenfalls sehr intensiv mit der Erzeugung eines Vakuums befaßten, ihre gewonnenen Erkenntnisse mit der Idee vom Fliegen. Dieses historische Verdienst

16

gebührte dem portugiesischen Jesuitenpater Francesco de Lana-Terzi.

Er stellte sich die alles entscheidende Frage: Können Körper schweben, die innen hohl und luftleer sind und deren Hülle aus einem leichten Stoff besteht?

Lana beantwortete diese Frage positiv und ging deshalb zielstrebig daran (das war im Jahre 1670), einen Plan für das später sogenannte „Vakuum-Luftschiff" zu konzipieren. Nach seinen Vorstellungen sollte das ein Boot sein, das an mehreren luftleer gepumpten Kugeln aufgehängt ist. Wenngleich dieses Luftschiff auch nur eine Idee blieb, bleiben mußte, weil das Materialproblem für die Gefäße kaum zu lösen war, so bildete es doch einen Meilenstein auf dem Weg zum ersten Zeppelin. Doch wollen wir nicht vorgreifen, sondern uns anhören, wie Lana selbst die Chancen für den Bau eines Luftschiffes sah:

Gott wird niemals zulassen, daß eine solche Maschine wirklich zustande kommt, um die vielen Folgen zu verhindern, welche die Ordnung der Menschheit stören würden. Denn wer sieht nicht, daß keine Stadt vor Überfällen sicher wäre? Auch in die Höfe von Privatpersonen und auf Schiffe könnten die Luftschiffer leicht vordringen oder, auch ohne in sie einzubrechen, Eisenstücke, künstliche Feuer, Kugeln und Bomben herabwerfen und zwar mit völliger Gefahrlosigkeit für diejenigen, die aus unmeßbarer Höhe solche Gegenstände herabwürfen. [17, S. 42–43]

Aus dem Lager derjenigen, die ernsthaft an ein Luftschiff glaubten, erhielt Lana die heftigsten Vorwürfe. Aus der Fülle dieser Streiter wollen wir den aus Kassel stammenden Physiker Frescheur herausgreifen, weil er kurz und treffend den Argumenten Lanas den Boden entzog. Frescheur schrieb nämlich im Jahre 1676 in seiner Doktorarbeit „Übungsarbeit aus der Physik über die Kunst, durch die Luft zu schwimmen":

Hat Gott die Erfindung des Schwerts, des Gewehres, der Kanone, des Schießpulvers, durch die so viel Blut vergossen wurde, nicht verhindert – aus welchem Grunde sollte er denn die Luftschwimmkunst verhindern? [17, S. 72]

Die endgültigen wissenschaftlichen Grundlagen für die Lösung des Suspensionsproblems für das Flugprinzip „leichter als Luft" wurden erst fünfzehn bzw. mehr als dreißig Jahre nach Lanas spektakulärer Vakuum-Luftschiffidee und auf zweierlei verschiedenen Wegen entdeckt: Zum einen durch den physikalisch hochgebildeten Dominikanermönch Galien und zum anderen durch den Chemiker Cavendish. Galien fand im Jahre 1755 durch scharfsinnige logische Überlegungen heraus, daß die Luft in den oberen Schichten eine wesentlich geringere Dichte haben müsse als in den tieferen. Daraus schlußfolgerte er, daß es in Anwendung des Archimedischen Gesetzes über den Auftrieb und in Verbindung mit der Guerickeschen technischen Lösung der „Luftverdünnung“ mittels Pumpen möglich sein müsse, Körper zu bauen, die schweben können. Er erkannte ferner, daß diese Körper wegen des zu erwartenden geringen Auftriebes niemals aus Metall sein können, sondern aus einem viel leichteren Stoff sein müssen, z. B. aus Seide, Papier u. ä.

Der andere Weg hat seinen Ursprung in England. Dort gelang es dem Chemiker und Physiker Henry Cavendish im Jahre 1766, erstmals Wasserstoffgas herzustellen und dessen Dichte zu bestimmen. Er stellte fest, daß dieses Gas erheblich leichter als die Luft sei. Joseph Priestley, ein Landsmann Cavendishs, schrieb acht Jahre später eine umfassende Abhandlung über die Eigenschaften des Wasserstoffs, die in Europa schnell Verbreitung fand.

Doch wie so oft in der Geschichte der Technik waren es nicht die Wissenschaftler, denen die wirklich bahnbrechenden Erfindungen gelangen, sondern es waren wissenschaftlich gut gebildete, mit handwerklichem Geschick und Fleiß ausgezeichnete Techniker, die zudem über eine reiche technische Phantasie sowie über eine gehörige Portion Starrsinn und Selbstvertrauen in die eigene Arbeit verfügten.

Wenn diese Techniker dann noch einen entsprechenden materiellen Rückhalt besitzen, der ihnen die Ausführung kostspieliger Experimente ermöglicht, scheint ihnen der Erfolg sicher zu sein.

Solche außergewöhnlichen Persönlichkeiten waren der Fabrikant Joseph Montgolfier, der Kaffeeplantagenbesitzer Santos-Dumont und Ferdinand Graf von Zeppelin. Die Brüder Joseph und Jacques Montgolfier waren die ersten, die in schöpferischer Weiterentwicklung der Gedanken Galiens Ballons bauten.

Sie stellten sich die erforderliche „dünne Luft“ durch Erhitzen her. Dabei waren sie anfangs noch in dem Irrtum befangen, die dünne Luft entstünde als Folge einer chemischen Reaktion während der Verbrennung. In Wirklichkeit aber nutzten sie die uns allen bekannte Erfahrung, daß erwärmte Luft stets das Bestreben hat, sich auszudehnen. Wird in einem Ballon aus dehn-

barem, luftundurchlässigem Stoff die Luft erwärmt, so vergrößert
sich das Luftvolumen, und der Ballon steigt durch den Archimedischen Auftrieb nach oben. Unverzüglich gingen die Montgolfiers
an die Verwirklichung dieser Idee.
Der erste erfolgreiche Start vor einer breiten Öffentlichkeit gelang
den Brüdern Montgolfier am 5. Juni 1783 in ihrer Heimatstadt
Annonay, unweit der beiden Städte St. Etienne und Lyon, anläßlich einer Tagung der französischen Provinzialstände.
Die beiden Brüder Montgolfier waren Nachfahren bedeutender
Papierindustrieller und selbst in dieser Branche tätig. Sie beschäftigten sich bereits seit frühester Jugend mit dem Studium der
mathematischen und physikalischen Wissenschaften, und auf Grund
ihrer praktischen Fähigkeiten gelangen ihnen einige Erfindungen
auf dem Gebiet der Papierherstellung. Mit aeronautischen Fragen
beschäftigten sich beide zumindest seit 1771. In jenem Jahr soll
Joseph Montgolfier einen Fallschirmsprung vom Dach seines
Hauses glücklich überstanden haben. Beim Studium aeronautischer
Schriften stießen sie sowohl auf die Überlegungen Galiens als
auch auf die Nachricht von dem entdeckten Wasserstoffgas. Wasserstoff schien ihnen zunächst zum Füllen des Ballons geeignet.
Von seiner Verwendung nahmen sie jedoch schnell wieder Abstand, weil es ihnen nicht gelang, den Ballon ausreichend abzu-
dichten. Mit dem gelungenen Aufstieg des ersten Heißluftballons
am 5. Juni 1783 in Annonay gelang ihnen ein Erfolg von wahrhaft
welthistorischer Bedeutung, und wie ein Lauffeuer breitete sich
dessen Kunde in ganz Frankreich aus. Seitdem nennt man zu Ehren
ihrer Erfinder Heißluftballons „Montgolfièren“.
Zeitlich gesehen fällt die erfolgreiche Erprobung der Montgolfière
mit dem ersten mit Wasserstoff gefüllten Ballon ziemlich zusammen. Beide Premieren fanden in Frankreich statt, wenige Jahre
vor der Großen bürgerlich-demokratischen Revolution. Bemer-
kenswerterweise stand jedoch ein lächerlicher Irrtum Pate bei der
Entwicklung des Wasserstoffballons. Die Kunde des erfolgreichen
Heißluftballonstartes drang nämlich viel rascher aus der Provinz
nach Paris als deren Erfinder samt ihrem Rezept. Die Hauptstädter, gedrängt von ihrer bornierten Überheblichkeit, wollten
diese Sensation jedoch nicht teilen, sondern schnellstmöglich nach-
prüfen, was an all dem wahr sei, und es gegebenenfalls besser
machen. Kurzerhand beauftragte die Französische Akademie den

namhaften Physiker Prof. Charles mit der Prüfung der Montgolfierschen Experimente – und machte damit einen äußerst glücklichen Griff, wie wir noch sehen werden.

Die Arbeitsweise von Prof. Charles war von Anfang an stärker von wissenschaftlichen Prinzipien durchdrungen als die der Brüder Montgolfier. Er schlußfolgerte aus den Berechnungen Lavoisiers über den Auftrieb in Gasen die prinzipielle Verwendbarkeit des eben erst entdeckten Wasserstoffes als Traggas für einen Ballon. Auf seine Anordnung hin wurde dieses damals so kostbare Gas in genügender Menge hergestellt. Das von den Montgolfiers nicht zu lösende Problem der Abdichtung löste Charles, indem er die Brüder Robert für seine Idee interessierte. Die Roberts hatten erst kurz zuvor die Möglichkeit entdeckt, Kautschuk als Dichtungsmaterial zu verwenden. Fortan entwickelte sich eine fruchtbare Zusammenarbeit der drei.

Damit standen dem ersten Flug eines mit Wasserstoff gefüllten Ballons keine Hindernisse mehr im Weg.

Während also die Arbeitsweise der Montgolfiers im wesentlichen durch gründliches Beobachten, ausdauerndes Probieren, handwerklichen Fleiß und Geschick charakterisiert war, zeichnete sich das Vorgehen von Prof. Charles durch konsequente Anwendung physikalischer Gesetze und Beherrschung wichtiger wissenschaftlicher Arbeitsprinzipien aus. Damit war er seiner Zeit gewiß um mehr als ein halbes Jahrhundert voraus.

Der erste Start einer nach ihrem Erfinder genannten Charlière erfolgte bereits am 27. 8. 1783 auf dem Marsfeld von Paris.

Beschleunigt durch den starken Auftrieb verschwand der Ballon schon nach wenigen Minuten in einer Höhe von annähernd 1 000 Metern in den Wolken. Eine knappe dreiviertel Stunde später ging er, rund 20 km von Paris entfernt, nieder und wurde dort von unwissenden Bauern, im Glauben, einen Dämon gefangen zu haben (der furchtbar riechende Gase ausstieß, denn das Wasserstoffgas konnte zu jener Zeit noch nicht in reiner Form dargestellt werden), mit Dreschflegeln und Knüppeln vernichtet. Diese Tatsache ist deshalb erwähnenswert, weil sie den Anlaß für eine breit angelegte Aufklärungskampagne unter der Bevölkerung über die Luftfahrt bildete und so, ganz unbeabsichtigt, zu deren allgemeinen Popularisierung beitrug.

Wenn auch auf dem Weg des Heißluftballons das Suspensions-

6 Prof. Charles und die Brüder Robert beim Füllen des Ballons mit Wasserstoff

problem eher gelöst werden konnte als mit Hilfe des mit Wasserstoff gefüllten Ballons, so bildete trotzdem letzterer den Ausgangspunkt für die Weiterentwicklung der Luftfahrt nach dem Prinzip „leichter als Luft", denn es zeigte sich schon bei den ersten Experimenten, daß ein solcher Ballon bei gleichen Ausmaßen einen wesentlich größeren Auftrieb besitzt, der die gewünschte Mitnahme von Nutzlasten bedeutend erleichterte. Auch die Brandgefahr, die von einem mitgeführten offenen Feuer ausgeht und die besonders bei der Landung bestand, wenn der Ballon auf die noch erhitzte Feuerstelle fiel, bewog die späteren Luftschiffbauer, die Tragkörper mit Wasserstoff zu füllen.

Die Nachteile der Montgolfièren zeigten sich weiterhin darin, daß die Dauer des Aufenthaltes in der Luft direkt abhängig war von der Menge an mitgeführtem Heizmaterial, dessen Masse zudem ständig abnahm und sich dadurch das Schwebevermögen des Ballons fortwährend änderte. Es stellte sich auch schon bald heraus, daß der Ballonstoff durch die Hitze in große Mitleidenschaft gezogen wurde. Und nicht zuletzt die Tatsache, daß eine Montgolfière wegen der Abnahme des Luftdruckes und damit der Luftdichte mit zunehmender Höhe nur eine begrenzte Aufstiegsmöglichkeit besitzt, spricht eindeutig für den mit Wasserstoff gefüllten Ballon. Dessen wichtigster Nachteil besteht in der leichten Brennbarkeit des Gases, weshalb moderne Luftschiffe von dem unbrennbaren Edelgas Helium getragen werden. Auf dem Weg dahin geschahen in der Geschichte der Luftschiffahrt allerdings zahlreiche furchtbare Brandkatastrophen, deren schrecklichste und folgenschwerste jene vom 6. Mai 1937 war. Damals kamen an Bord des Riesenzeppelins LZ 129 „Hindenburg" sechsunddreißig Menschen in den Flammen um. Es sollte die vorläufig letzte Passagierfahrt eines Zeppelins sein, denn auf Befehl des faschistischen Reichsluftfahrtministers Hermann Göhring vom 29. 2. 1940 wurden die beiden noch existierenden Schwesternschiffe LZ 127 und LZ 130 abgewrackt, die Bauteile der Flugzeugindustrie zugeführt und die Luftschiffhallen gesprengt.

Die Ballonära 1783–1798

Die Ballonkonstrukteure ließen sich bei ihrem weiteren Vorgehen nicht in erster Linie davon leiten, ob und wie ihre Erfindungen

22

in absehbarer Zeit einen Nutzen für die Gesellschaft bringen, ihnen ging es primär darum, den uralten Traum vom Fliegen endlich in die Tat umzusetzen. Wirklichkeitsnahe Einsatzmöglichkeiten, davon waren sie allerdings überzeugt, würden sich nach dessen Realisierung von allein ergeben. Also mußten sie zunächst weiter intensiv experimentell und theoretisch arbeiten.

Dieses methodische Herangehen an die Lösung des Flugproblems hatte der berühmte Diplomat, Ökonom, Publizist und Erfinder des Blitzableiters, Benjamin Franklin, einmal treffend charakterisiert. Auf die provokatorische Frage eines Zuschauers bei einem weiteren Ballonstart, wozu denn nun eigenlich ein Ballon dient, soll Franklin die Gegenfrage gestellt haben, wozu denn ein Kind dienen kann, das gerade geboren ist. [12, S. 17] Leider konnte Franklin an der Weiterentwicklung der Ballontechnik nicht mehr teilhaben, da er wenige Jahre später starb.

Die strategische Aufgabe der Ballonkonstrukteure bestand nach der Lösung des Suspensionsproblems darin, die Ballons so zu konstruieren, daß Piloten mitgenommen werden können.

Das Wettrennen um den ersten bemannten Ballonflug zwischen den Brüdern Montgolfier und Prof. Charles begann. Die Montgolfiers waren inzwischen in die Hauptstadt übergesiedelt, und am 19. September 1783 sperrten sie vor dem versammelten Hof und einer begeisterten Menschenmenge in Versailles die ersten Lebewesen in den Korb eines Ballons. Es waren ein Lamm, ein Hahn und eine Ente. Der Start gelang problemlos, und bis auf wenige kleinere Verletzungen, die man als Folgen einer Balgerei an Bord erklären konnte, kehrten die drei unversehrt wieder zur Erde zurück.

Damit stand dem bemannten Ballonflug nichts mehr im Wege.

Endlich am 21. November 1783 fand der erste Flug von Menschen in einem Ballon statt. Die Montgolfiers sahen für den neuen Ballon kaum technische Neuerungen vor. Um so bunter war er allerdings angemalt. Er fiel durch seine für damalige Verhältnisse riesigen Ausmaße auf: Immerhin betrug sein Volumen 2 000 Kubikmeter! Das war notwendig, um das durch die Piloten vergrößerte Gewicht wieder auszugleichen.

Die beiden Brüder Montgolfier scheuten sich zunächst, selbst an Bord zu gehen. Statt ihrer waren ursprünglich zwei zum Tode verurteilte Häftlinge vorgesehen, denen man im Falle einer glück-

7 Luftballonversuch von Montgolfier zu Versailles 1783

lichen Landung die Freiheit versprach. Einigen einflußreichen
und vom Gelingen des Experimentes überzeugten Kreisen um
den französischen König schien das ganze Unternehmen zu würdig,
um mit Sträflingen zu experimentieren. Sie prophezeiten dem

König: Der erste fliegende Mensch ist zwar ein Franzose, aber ein Mörder, ein Bombenleger oder ein Zuhälter! Diese Argumentation verfehlte nicht ihre Wirkung, und so geschah es, daß zwei Angehörige des französischen Hochadels, der Marquis d'Arlandes und Pilâtre de Rozier, in die Geschichte der Luftfahrt als die ersten Piloten eingingen. Von unvorstellbarem Jubel der Pariser Bevölkerung begleitet, selbst König Ludwig XVI. war zugegen, segelten sie etwa eine halbe Stunde über die Dächer von Paris, ja überquerten sogar die Seine – die Mutter von Paris.

Diese Reise war in ihrer Bedeutung durchaus mit der Tat Juri Gagarins vergleichbar, der sich als erster Mensch in einem Raumschiff in eine Umlaufbahn um die Erde begab.

Die Euphorie der Hauptstädter packte auch den Erfinder des anderen Ballonprinzips, Prof. Charles. Er fand in den bereits erwähnten beiden Erfindern Robert geeignete Piloten für den Erstflug in seinem mit Wasserstoff gefüllten Ballon. An seinem neu konstruierten Ballon fiel besonders das Ventil im Oberteil auf, mit dessen Hilfe der Pilot in großen Höhen Gas aus dem Ballon entweichen lassen konnte, um dessen Platzen und damit eine Katastrophe zu vermeiden. Als weitere technische Neuerung führte Charles die Verwendung von Ballastkörpern in die Ballontechnik ein. Für die Landung nahm er einen Anker mit. Die Gondel befestigte er mit einem Netz am Ballon, was dessen Widerstandsfähigkeit beträchtlich erhöhte und außerdem eine gleichmäßige Gewichtsverteilung ermöglichte. Überhaupt besticht, wie gründlich und zugleich weitsichtig Prof. Charles an den Bau des ersten bemannten Wasserstoffballons ging. Er wollte nichts dem Zufall überlassen, und ihn trieb nicht die Hoffnung auf einen spektakulären Erfolg. Charles war sich der großen Verantwortung, die er gegenüber dem technischen Fortschritt hatte, bewußt. Schon der kleinste Fehler konnte zu einer Katastrophe führen, und die hätte gewiß die noch in den Kinderschuhen steckende Luftfahrt um Jahrzehnte zurückgeworfen.

Unter dem unbeschreiblichen Jubel von über 300 000 Parisern hielten sich am 1. Dezember 1783, nur wenige Tage nach dem ersten bemannten Flug mit einem Heißluftballon, die beiden Piloten, der Wissenschaftler Charles und der kapitalkräftige ältere der beiden Brüder Robert, über zwei Stunden in der Luft auf und landeten wohlbehalten unweit von Paris.

Im „Journal de Paris" veröffentlichte Charles wenig später seine Reiseeindrücke. Er schrieb:

Nichts wird jemals mit dem Anflug von Fröhlichkeit zu vergleichen sein, die mein ganzes Wesen durchdrang, als ich empfand, daß ich der Erde entfloh. Es war kein Vergnügen, es war Glückseligkeit.
Den abscheulichen Qualen der Verfolgung und Verleumdung entgangen, empfand ich, daß ich alles überwand, indem ich mich über alles erhob … Warum kann ich hier nicht den letzten unserer Verleumder neben mir haben und zu ihm sagen: „Sieh, Elender, alles das verliert man, wenn man den Fortgang der Wissenschaften hemmt." [17, S. 44]

Die Begeisterung über diese gelungene Fahrt packte nicht nur die Menschen in Paris und in Frankreich. In den anderen Ländern Europas, so auch in Deutschland, waren es vor allem das aufstrebende Bürgertum sowie die der Bewegung der Aufklärung angehörigen Kreise des Adels, die der neuen Technik auch gesellschaftspolitische und ideologische Bedeutung beimaßen und gewisse Erwartungen daran knüpften. Der den Naturwissenschaften so aufgeschlossene Dichter Johann Wolfgang von Goethe äußerte sich begeistert über die erfolgreichen Flugversuche der Franzosen und bedauerte ausdrücklich, nicht selbst dabei gewesen und beteiligt zu sein.

Wer die Entdeckung der Luftballons miterlebt hat, wird ein Zeugnis geben, welche Weltbewegung daraus entstand, welcher Anteil die Luftschiffer begleitete. [22, S. 12]

Der erste Ballonaufstieg von Charles findet aber aus heutiger Sicht noch aus einem anderen Grunde eine besondere Würdigung, weil die beiden Piloten auf ihrem Flug wissenschaftliche Geräte wie Barometer und Thermometer mitnahmen und damit zugleich die Ära der friedlichen Erforschung der Lufthülle eröffneten. Diese humanistische Tradition setzten zahlreiche Ballonfahrer und Wissenschaftler später fort. Die bedeutendsten unter ihnen waren sicherlich der französische Chemiker Gay-Lussac und der österreichische Physiker Victor Franz Hess, dem am 7. August 1912 bei einem Aufstieg in über 5 000 Meter Höhe der zweifelsfreie Nachweis kosmischer Strahlen gelang, wofür er 1936 den Nobelpreis für Physik erhielt.
Auch heute, im Zeitalter der bemannten und unbemannten Weltraumfahrt, sind Ballons für einige Bereiche unseres Lebens unersetzlich, so für die tägliche Wettervorhersage und die weitere

Erforschung der Lufthülle der Erde. Regelmäßig starten in den nationalen Wetterdienststellen vieler Länder mit Sonden ausgerüstete Ballons in die hohen und höchsten Luftschichten. Sie geben uns Auskunft über Veränderungen der Temperatur, des Druckes, der Geschwindigkeit, der Feuchtigkeit und über andere Eigenschaften der Lufthülle und die Vorgänge in ihr.

Von solchen und weiteren wissenschaftlichen Anwendungen mag Prof. Charles wohl geträumt haben, realisiert wurden sie zu seiner Zeit nicht mehr, denn die Ballonära dauerte kaum fünfzehn Jahre. Das spektakulärste Ereignis dabei war wohl das Überfliegen des Ärmelkanals, das dem für seinen Geschäftssinn berühmt-berüchtigten Blanchard gemeinsam mit dem amerikanischen Arzt und Physiker Jeffries am 7. Januar 1785 gelang.

Nur kurze Zeit später waren die ersten Todesopfer der noch so jungen Luftfahrt zu beklagen. Unter ihnen war kein Geringerer als der erste fliegende Mensch überhaupt: Pilâtre de Rozier. Er hatte den Versuch unternommen, den Ärmelkanal mit einem kombinierten Heißluft-Wasserstoffballon zu überqueren. Charles hatte Rozier vor dieser Ballonkonstruktion gewarnt und sie ein Pulverfaß über einem Feuer genannt.

Auch der erste Überflug zwischen England und Irland durch Dr. Potain endete, nur zwei Tage später, am 17. Juni 1785, tödlich. Diese und weitere Unglücksfälle hatten eine deutliche Ernüchterung über die derzeitigen Grenzen der Luftfahrt zur Folge, und an neue Einsatzmöglichkeiten der Ballons wollten immer weniger Menschen glauben. Man erkannte zwar, daß die technische Entwicklung vom Freiballon zum lenkbaren Ballon führen müsse, aber keiner war in der Lage, den Weg dahin anzugeben.

Von nun an nahm die Zahl der bemannten Ballonflüge erheblich ab. Gleichzeitig dienten die unbemannten Ballons mehr und mehr als Mittel zur Volksbelustigung. Bunt angemalt und in die skurrilsten Formen gepreßt, sorgten sie auf allen Jahrmärkten für Unterhaltung und derben Spaß.

Lediglich auf militärischem Gebiet schien es anfangs so, als ob die Ballontechnik Einzug in einen gesellschaftlichen Bereich finden könne. Diese Möglichkeit sprach als erster, kurz nach der Jungfernfahrt der Montgolfière, der später berühmt gewordene Ballonpilot Giroud de Vilette aus, aber ernsthaft beschäftigte sich mit dieser Idee der Leutnant und spätere napoleonische General

Meusnier. Er war wohl der begabteste vorzeppelinsche Luftschiffkonstrukteur, der allerdings sein Projekt nicht verwirklichen konnte, weil er im Jahre 1793 bei Mainz im Hagel preußischer Kugeln starb.

Hervorzuheben sind an seinem Projekt die Idee der elliptischen Form des Ballons statt der kugeligen, die starre Verbindung zwischen Gondel und Ballon, die kahnförmige Gondel, die horizontalen Stabilisierungsflächen und vor allem die Erfindung der Ballonetts zur Höhensteuerung durch Volumenänderung. [7, S. 119] Diese klugen Ideen wurden in wenig abgewandelter Form fast 100 Jahre später wieder aufgegriffen und veranlaßten, gemeinsam mit dem Einbau von Motoren, den Übergang von der Ballon- zur Luftschifftechnik. Was von Meusnier darüber hinaus blieb, war der Auftrag an die Armee, das Luftschiffprojekt zu verwirklichen.

Obwohl die erste derartige Luftschifferabteilung der Welt kurz darauf, am 2. April 1794, in Frankreich gebildet wurde, sie bestand außer den Offizieren vor allem aus Handwerkern, konnte sie das Vermächtnis des Generals Meusnier nicht erfüllen, denn Napoleon löste sie im Jahre 1799 kurzerhand wieder auf, weil sie in keinem der bisherigen militärischen Einsätze die hochgespannten Erwartungen erfüllte, und was sie erbrachte, war mit bedeutend weniger Aufwand auf andere Art auch zu erreichen.

Noch vor Ende des 18. Jahrhunderts nahm das Interesse an der Luftfahrt in wissenschaftlichen Kreisen stark ab, und es bestand nun weltweit keine Institution mehr, die sich noch ernsthaft mit der Luftschiffidee beschäftigte und dafür die notwendigen wissenschaftlichen, materiellen und personellen Voraussetzungen bot.

Der Übergang von der Ballontechnik zum Luftschiff

Nachdem der Nachweis der Flugfähigkeit von bemannten Ballons erbracht wurde, stand vor den Erfindern die Aufgabe, den Ballon lenkbar zu machen, das hieß zunächst, wieder dorthin zu gelangen, von wo aus man sich in die Luft erhoben hatte. Es zeigte sich wieder einmal: Das Ziel festzusetzen war ein Schritt, der Weg dahin ein anderer, denn die technische Meisterung dieses Problems erwies sich als außerordentlich kompliziert und erforderte den Zeitraum mehrerer Jahrzehnte.

Die naheliegende Idee, die bereits bei Meusniers Projekt enthalten war, nämlich wie im Wasser mit Rudern zu arbeiten, mißlang, weil die an den Ruderflächen erzeugte Kraft auf die Luft viel zu gering ist, um nach dem Wechselwirkungsgesetz eine nach vorn gerichtete Kraft zu erzeugen. Ebenso zum Scheitern verurteilt war Guyots Idee, mit Segeln das Steuerproblem zu lösen. Schon Lanas Vakuum-Luftschiff enthielt diese Idee. Dabei genügen einfache physikalische Überlegungen, die den Einsatz von Segeln in der Luftschifftechnik verbieten. Die Segel können sich bekanntlich nur aufblähen und sind erst in diesem Zustand als Steuerinstrument nutzbar, wenn sich zwischen dem Wind und dem Medium, in dem sich das Boot befindet, eine Differenz der Geschwindigkeiten ergibt. Im Wasser sorgt dafür die Reibung an den Bootsflächen. In der Luft hinge jedoch das Segel stets schlaff am Mast. In dieser so ausweglosen Situation wollte man z. B. die erforderliche Reibung mit mehreren ausgeworfenen Seilen, die an der Erde entlang schleifen, lösen.

Die meisten der wissenschaftlich und technisch Gebildeten unter jenen, die noch nach dem Ende der Ballonära an der Luftschiffidee festhielten, erkannten richtig, daß die Lenkbarmachung des Ballons von neuen wissenschaftlichen Erkenntnissen auf dem Gebiet der Aerodynamik und einer geeigneten Steuerkraft abhängig ist. Keiner unter ihnen sah aber in absehbarer Zeit einen realen Ausweg aus dieser Lage. Deshalb ließ ihr Interesse an der Luftfahrt schnell nach; und bereits gegen Ende des 18. Jahrhunderts bestimmten Spekulanten und wissenschaftliche sowie technische Dilettanten eindeutig das Feld der Ballontechnik. Ihnen gelang es, in kürzester Zeit eine vielversprechende technische Neuerung in ein Unterhaltungsgewerbe umzufunktionieren, das in keiner Weise einer Weiterentwicklung im Sinne des technischen Fortschritts bedurfte. Auffallend an diesen Knoblern war die Tatsache, daß sie meist über ganz geringe physikalische Kenntnisse verfügten und sich auch kaum um sie bemühten. Sie sahen die Lösung des Problems der Lenkbarmachung, wenn sie sich überhaupt damit befaßten, im empirischen Finden neuer technischer Raffinements und der quantitativen Veränderung einiger technischer Daten, z. B. des Volumens.

Und weil anfangs, wie bei fast jeder neuen Erfindung im Zeitalter der technischen Revolution, auch der Laie eigene Ideen bei-

steuern konnte, nahm zwar die Ballontechnik von der breiten
Masse Besitz, aber zu einem Fortschritt im Sinne der technischen
Weiterentwicklung führte das nicht. Tausende „Verbesserungs-
vorschläge" gingen den wissenschaftlichen Akademien und Gre-
mien sowie den anderen am technischen Fortschritt interessierten
Kreisen in fast allen Ländern Europas zu. Allerdings stand die
ungeheure Zahl solcher Erfindungen im umgekehrten Verhältnis
zu ihrer praktischen Durchführbarkeit. Die Flut derartiger Ideen,
die zum Teil nichts anderes waren als bodenlose Phantastereien,
wurde binnen kurzem so stark, daß es kaum noch zu ernsthaften
wissenschaftlichen Diskussionen über die Projekte kam und groß-
angelegte Experimente nicht mehr durchgeführt wurden. Sogenannte „neue" Projekte überholten die „alten", noch ehe jene überhaupt erst geprüft wurden.
Diejenigen jedoch, die sich ernsthaft mit dem Problem der Luftschiffahrt beschäftigen wollten, gerieten so zwangsläufig in den
Sog der Lächerlichkeit.
Die bisherigen Ballonflüge schienen immer deutlicher die Un-
durchführbarkeit der Luftschiffidee zu bestätigen.
Die Aerodynamik hatte sich noch nicht als selbständige Wissenschaft herausgebildet. Allenfalls wurden einige hydrodynamische
Gesetze, an deren Entdeckung Bernoulli und Newton maßgeb-
lichen Anteil hatten, spekulativ auf aerodynamische Verhältnisse
übertragen. Dieses im Grunde unwissenschaftliche Vorgehen führte
im Falle der Luftschiffahrt zu Beginn des 19. Jahrhunderts nicht
nur in die falsche Richtung, sondern trug auch wesentlich zur
Trennung von Wissenschaft und Technik bei, die gerade erst, vor
allem in der Person des Prof. Charles, so schöne Erfolge gebracht
hatte.
Die Ursache dafür, warum sich zunächst keine wissenschaftliche
Institution mit den komplexen Problemen der Luftschiffidee beschäftigte, ist vor allem der fehlende Bedarf der Gesellschaft an
Luftschiffen. Selbst in den fortschrittlichen Ländern hatte niemand
eine rechte Verwendung für sie finden können. Und für Sport-
spiele und Jahrmarktvergnügen waren die gasgefüllten Ballons
noch allemal gut genug. Hingegen schien jedem vernünftigen Menschen, auch den phantasiereichsten unter ihnen, ein regelrechter
Luftverkehr als irrsinnig, weil unnötig. Für diese Zwecke reich-
ten die existierenden See- und Landtransportmittel bei weitem aus,

zumal sich die Dampfmaschine mit all ihren Möglichkeiten auf diesen Gebieten gerade erst anbot.

So gerieten die Vertreter des lenkbaren Ballons immer mehr in das Kreuzfeuer der Kritik der Öffentlichkeit, die für deren phantasiereichen Ideen keine reale Verwendung sehen konnte, und der Wissenschaftler, die über deren oftmals dilettantischen Basteleien und oberflächlichen Vorstellungen über physikalische und andere Zusammenhänge nur noch schmunzeln konnten.

Erst um die Mitte des vorigen Jahrhunderts besann man sich wieder des Flugprinzips „leichter als Luft" und ging zielstrebig an die Lenkbarmachung des Ballons.

Die Dampfmaschine hatte inzwischen eine solche technische Reife erlangt, so daß sie zur Lösung des Steuerproblems geeignet erschien. Auf sie griff als erster der Franzose Henry Giffard zurück, als er im Jahre 1852 sein Luftschiffprojekt vorstellte. Damit leitete er eine neue Periode in der bemannten Luftfahrt ein.

Giffard war eine herausragende Persönlichkeit unter der neuen Technikergeneration. Er war überdurchschnittlich begabt und bereit, sein Leben sowie sein riesiges Vermögen für die neue Erfindung zu opfern. Mit der Erfindung der Dampfstrahlpumpe hatte er es zu Millionengewinnen gebracht, die er zum Bau eines riesigen Luftschiffes einsetzen wollte. Leider verübte er in einem Anfall von Depressionen im Alter von nur 57 Jahren Selbstmord.

Die rund 160 kg schwere Dampfmaschine für sein erstes Luftschiff hatte er selbst entworfen und gebaut. Sie leistete etwa 2,2 kW, und das Luftschiff erreichte damit eine Geschwindigkeit von knapp 3 m/s, war also bei Windstille manövrierfähig. Es spricht für den technischen Sachverstand und Ideenreichtum des Erfinders, daß er den Schornstein der Dampfmaschine nach unten abbog, um ein Anbrennen des Ballons zu vermeiden.

Giffard mußte erkennen, daß die Dampfmaschine für sein Luftschiff viel zu schwer war, um auch bei Gegenwind – der letzten Prämisse für ein Luftschiff – zu manövrieren. Seine Flugversuche fielen derartig negativ aus, daß nach ihm niemand mehr ernsthaft erwog, die Dampfmaschine als Luftschiffantrieb zu nutzen, und wenn doch – so z. B. Maximilian Wolf am 14. Juni 1885 in Berlin – waren diese Versuche von Anfang an zum Scheitern verurteilt.

Wiederum vergingen Jahrzehnte, die der Luftfahrt nach dem Prinzip „leichter als Luft" kaum nennenswerte Fortschritte brachten.

Während des Sezessionskrieges in den USA (1860/61–1865) und des Deutsch-Französischen Krieges (1870/71) wurden Ballons für Kriegszwecke eingesetzt und somit eine neue Etappe der Luftschiffahrt eingeleitet.

Sie begann mit der Neubildung von Luftschifferabteilungen in allen Armeen Europas. Gleichzeitig wurde die Möglichkeit in Erwägung gezogen, Luftschiffe für den zivilen Sektor im Postwesen einzusetzen.

Allerdings war um jene Zeit die Armee die einzige gesellschaftliche Kraft, die in der Lage war, das Luftschiffprojekt weiter zu verfolgen.

Graf Zeppelin beteiligte sich aktiv an den beiden erwähnten Kriegen. Im Sezessionskrieg in den USA wurden Ballons für die Feindbeobachtung erfolgreich eingesetzt, und während der Belagerung von Paris im Jahre 1871 benutzten die Eingeschlossenen Ballons, um Personen und Nachrichten über die feindlichen Linien zu befördern. Einer dieser Ballons trieb sogar bis nach Norwegen, ein anderer in Richtung Afrika.

Nachdem einige notwendige Schritte in der technisch-konstruktiven Reife der Ballons und Luftschiffe realisiert wurden bzw. sich reale Lösungsmöglichkeiten zeigten (z. B. bei der Frage der Ballonform, der Ballonfüllung und des Ballonmaterials sowie bei Fragen des Antriebs), ließen sich erste Anzeichen eines gesellschaftlichen Bedarfs erkennen. Die Post und das Militär bekundeten ihr Interesse. Diese beiden staatlichen Einrichtungen wurden nunmehr, nachdem man konkrete Einsatzmöglichkeiten für die Luftschiffe erkannte, zum entscheidenden Förderer der Luftfahrt. Der Staat half so, die kapitalintensive Anfangsphase, so wie in vielen anderen Bereichen des Wirtschaftslebens auch, zu überbrücken.

Frankreich gründete 1874 als erstes Land wieder eine Luftschifferabteilung. Bereits wenige Jahre später nahm sie an allen bedeutenden Manövern der französischen Armee teil, und nicht selten dirigierten die kommandierenden Generale vom Ballon aus die eigenen Truppen.

Die erste Luftschifferabteilung Deutschlands wurde im Jahre 1884 in Berlin gegründet. Sie erhielt ihr Domizil auf dem Tempelhofer Feld und war den Nachrichtentruppen zugeteilt und als solche dem Generalstab direkt unterstellt. Sie bestand anfangs aus vier

Offizieren und dreiunddreißig Unteroffizieren. Ihre Aufgaben waren: die Erkundung der feindlichen Stellungen vom Fesselballon aus, die Beobachtung der Wirkung des eigenen und des feindlichen Artilleriefeuers und der Einsatz von Freiballons zur Beförderung von Personen und Nachrichten. Die preußische Luftschifferabteilung war eine militärische Spezialeinheit, deren Entwicklung und Erfolge große Bedeutung im internationalen Kräftemessen der imperialistischen Staaten zukam. Ihre Führer hatten jedoch erkannt, daß ein bedeutender Vorsprung dadurch erzielt werden konnte, indem man sich zielgerichtet und konsequent möglichst umfassend der Wissenschaft bediente. Dazu mußte man die Kluft zwischen technischer und theoretischer Entwicklung überwinden, die sich in der ersten Hälfte des 19. Jahrhunderts herausgebildet hatte. Die tonangebenden Militärs in der preußischen Luftschifferabteilung, vor allem die Offiziere v. Tschudi, v. Sigsfeld und Groß, verstanden es, die hervorragendsten Wissenschaftler auf dem Gebiet der Luftfahrt und der Meteorologie zu vereinen. An erster Stelle sei von ihnen der Universalgelehrte und spätere Direktor der Physikalisch-Technischen Reichsanstalt in Berlin, Hermann von Helmholtz, genannt. Er war bereits im Jahre 1872 mit seinem Werk „Theoretische Betrachtungen über lenkbare Ballons" an die luftfahrtinteressierte Öffentlichkeit getreten. Wenn er in dieser Schrift auch einige aus heutiger Sicht falsche Behauptungen aufstellte, die er knapp zehn Jahre später unter dem Eindruck der gelungenen Luftschiffahrten de Lômes revidierte, dem wissenschaftlichen Meinungsstreit über die Luftschiffahrt versetzte Helmholtz jedoch neue Impulse.

Aber auch solche bekannten Wissenschaftler wie die Meteorologen Aßmann und Hergesell und der Münchener Professor Finsterwalder, der auf dem damals noch völlig unerforschten Gebiet der Ballonfotografie Bahnbrechendes leistete, arbeiteten von nun an unter der Regie der preußischen Luftschifferabteilung. Die Möglichkeit der Einrichtung einer zivilen Ballonluftpost wurde ebenfalls noch während der Belagerung von Paris vorgeschlagen. In Frankreich gebührt dieses historische Verdienst dem Generalpostmeister Rampourt, der bereits im Jahre 1871 mit einer solchen Installation begann.

In Deutschland machte sich etwa zur gleichen Zeit der Generalpostmeister Heinrich von Stephan zum Fürsprecher dieser Idee.

Seinem Vortrag über „Weltpost und Luftschiffahrt" verdanken
wir die ersten Aufzeichnungen Zeppelins über dessen Beschäftigung mit der Luftschiffidee. Das war im Jahre 1874.
Nachdem das gesellschaftliche Interesse an der Luftfahrt durch
das Militär und das Nachrichtenwesen formuliert war, nahmen
Kontinuität und Dynamik in der Entwicklung der Luftfahrt spür-
bar zu.
Die beiden Brüder Tissandier, die während des Krieges als Ballonfahrer von sich reden machten, als sie vom Ballon aus mehr als
10 000 Flugblätter über den feindlichen Stellungen abwarfen,
worin sie zur Verteidigung ihrer Heimat und zum Frieden auf-
riefen, machten mit einem Luftschiffmodell während einer Elek-
trizitätsausstellung in Paris im Jahre 1881 den Anfang. Angeregt
durch das große Interesse, das ihr Modell dort fand, machten sie
sich an den Bau des Luftschiffes.
Es wurde 28 m lang und maß 9 m im Durchmesser. Seine Luft-
verdrängung betrug eintausend Kubikmeter. Auffallend an diesem
Luftschiff waren das Antriebs- und Steuersystem, deren Herzstück
ein Siemens-Elektromotor war. Er entwickelte eine Leistung von
etwa 1 kW und erbrachte für das Luftschiff eine Relativgeschwin-
digkeit von 2,5 m/s. Die erste Probefahrt fand am 8. Oktober 1883
statt. Das Luftschiff hielt sich mit 2 Mann Besatzung immerhin
eine Stunde in der Luft. Ein Jahr später gelang den beiden Tissandiers mit einem noch stärkeren Elektromotor in einem neuen Luftschiff ein neuer Geschwindigkeitsrekord von 4 m/s. Die Lenkbarkeit konnte auch bei diesem Luftschiff noch nicht überzeugen.
Die Ablösung der Dampfmaschine als Antrieb für Luftschiffe war
nach den Giffardschen Experimenten notwendig geworden. Die
Tissandiers sahen einen möglichen Ausweg in der Verwendung
des Elektromotors. Dieser hat im Luftschiffbau gegenüber der
Dampfmaschine zweifellos überzeugende Vorteile. Er besitzt
einen hohen Wirkungsgrad, ein günstiges Masse-Leistungs-Ver-
hältnis, ist nahezu wartungsfrei und entwickelt vor allem keine
nennenswerte und für den Gasballon gefährliche Abwärme. Deshalb versuchten einige Luftschiffbauer auch nach den Tissandiers,
den Elektromotor im Luftschiffbau zu verwenden. Am entscheidenden Nachteil des Elektromotors gegenüber den anderen An-
triebssystemen, die im Luftschiffbau verwendet wurden, scheiter-
ten alle: Die Masse der erforderlichen Batterien war zu groß

Dadurch blieb die Reichweite dieser Luftschiffe beschränkt. Die beiden Luftschiffe der Tissandiers wurden von den Leistungen des Luftschiffes der beiden französischen Hauptleute Krebs und Renard im gleichen Jahr eindeutig in den Schatten gestellt. Sie hatten im Jahre 1878 von den Ingenieurtruppen den Auftrag zum Bau eines Luftschiffes erhalten. Das Modell führten sie dem einflußreichen Mitglied der französischen Regierung, Gambetta, vor, der im Jahre 1870 mit einem Ballon aus dem eingeschlossenen Paris entkommen war. Gambetta war vom Modell derart begeistert, daß er sofort 400 000 Francs für den Bau eines solchen Luftschiffes zur Verfügung stellte.

Das Luftschiff war 50 m lang, hatte einen Durchmesser von etwas über 8 m und faßte 1900 m³ Gas. Es erhielt den ehrenvollen Namen „La France" und leitete mit dieser Namensgebung die nicht immer rühmliche, mehr chauvinistische Tradition ein, vermeintlich besonders gut gelungenen Luftschiffen den Namen der Herstellernation zu verleihen.

Die „La France" wurde von einem rund 8 kW starken Siemens-Elektromotor bewegt, dessen Leistungs-Masse-Verhältnis gegenüber dem von Tissandiers Elektromotor um 25 % höher war. Die Luftschraube hatte den gigantischen Durchmesser von 8 m. Die Höhensteuerung erfolgte wie bei fast allen vorangegangenen Luftschiffen mittels Ballastabwurf bzw. Ziehen der Ventile zwecks Gasabgabe. Hervorzuheben sind an diesem Projekt zwei Neuerungen, mit denen es gelang, bestimmte aerodynamische Forderungen an die Luftfahrt zu verwirklichen. Zum einen hatte der Ballon vorn eine gedrungene und hinten eine spitz auslaufende Form. Rein intuitiv erkannten die beiden Konstrukteure, daß sie damit aerodynamisch außerordentlich günstig verfuhren. Erst viel später konnte durch den bedeutenden Aerodynamiker Prandtl diese Erkenntnis exakt begründet werden, und es ist wohl aus heutiger Sicht erstaunlich, daß man nicht viel eher aus dem Längsschnitt der meisten Vögel, der Fische und besonders des schnellen Delphins darauf gekommen ist.

Zum anderen war bei der „La France" der riesige Propeller am Bug angebracht und nicht, wie bis dahin üblich und von den Seeschiffen übernommen, am Heck. Auch diese Anordnung hat sich – nicht nur bei Luftschiffen, sondern auch bei den Flugzeugen – bis heute bewährt.

Am 9. August 1884 stieg die „La France" in Chalais-Meudon bei
Paris auf und landete in einer Schleifenfahrt nach knapp 25 Minuten wohlbehalten am Ort des Startes.
In einem Bericht an die Akademie der Wissenschaften zu Paris
schrieb Renard kurz darauf:

Um vier Uhr nachmittags, bei fast windstillem Wetter, stieg der freigelas-
sene und wenig Steigkraft besitzende Aerostat langsam bis zur Höhe des
umliegenden Plateaus. Die Maschine wurde in Bewegung gesetzt, und der
Ballon beschleunigte unter ihrem Einflusse seinen Gang, indem er getreulich
der geringsten Wendung des Steuers gehorchte ... Als wir uns oberhalb
Villacoublay befanden, ... beschlossen wir kehrt zu machen und zu versuchen, in Chalais selbst herunterzukommen, ungeachtet des geringen freien
Raumes, welcher durch die Bäume gelassen ist. Der Ballon führte seine
Wendung nach rechts unter einem sehr kleinen Winkel (ungefähr 11°) ver-
mittelst des Steuers aus. Der Durchmesser des beschriebenen Kreises betrug
ungefähr 300 m ... Während dieser Zeit mußte die Maschine mehrmals
vorwärts und wieder zurück arbeiten, um den Ballon über den zur Landung
gewählten Punkt zu bringen. Als der Ballon 80 m hoch über dem Boden
stand, wurde ein herabgelassenes Tau von Mannschaften ergriffen und der
Aerostat auf den Rasenplatz geleitet, von wo er abgefahren war. [34, S. 312]

Mit dieser historischen Fahrt der „La France" war bewiesen, daß
das Problem der Lenkbarmachung des Luftschiffes bei Windstille
endgültig gelöst ist. Gleichzeitig wurde ein neuer Geschwindigkeitsrekord gemessen: 6,5 m/s. Diese triumphale Fahrt erregte in
aller Welt großes Aufsehen. Für Zeppelin war sie wenige Jahre
später immer wieder Anlaß, den Staat, die Öffentlichkeit und
einige kapitalistische Kreise zu weiterer Finanzierung seines Luftschiffsprojektes zu veranlassen.
Renard führte in der Zeit von 1884–1885 insgesamt sieben Fahrten aus. Am 23. September 1885 nahm er sogar seine Schwester,
die später auch als Schauspielerin berühmt gewordene Gaby Mor-
lay, mit an Bord, die den Motor überwachte. Sie war die erste
Frau in einem Luftschiff. Renard wollte mit dieser Geste die
Sicherheit und Zuverlässigkeit seines Luftschiffes demonstrieren.
Nach 1885 begab sich Renard bis zu seinem Tode im Jahre 1905
kein einziges Mal mehr an Bord eines Luftschiffes. Er beschäftigte
sich aber in dieser Zeit weiter intensiv mit wissenschaftlichen
Fragen der Luftfahrt.
Trotz der bewundernswerten Erfolge der beiden Hauptleute und
vor allem Renards sollte man doch die Augen nicht davor ver-

schließen, daß sie Einzelgänger waren und blieben und daß es in Frankreich fast zwei Jahrzehnte niemandem mehr gelang, an deren Leistung anzuknüpfen.

Um die Mitte der neunziger Jahre des vergangenen Jahrhunderts verlagerte sich das Zentrum der militärischen und zivilen Luftfahrt von Frankreich nach Deutschland. Das hatte sicherlich mehrere Gründe. Ausschlaggebend dürfte wohl sein, daß sich hier die fortgeschrittenste Motorentechnik herausbildete, ohne die das Translationsproblem nicht gelöst werden kann, und daß sich die preußische Luftschifferabteilung wesentlich intensiver mit dem Flugproblem beschäftigte als alle anderen derartigen Abteilungen in den verschiedensten Armeen Europas. Diese Verschiebung nach Deutschland deutete sich im eigentlichen Luftschiffbau schon eher an. Am Anfang dieser Entwicklung stand der Ingenieur Paul Haenlein, der bereits im Jahre 1872 ein eigenes Luftschiff vorstellte. Wenn es auch nur für systematische Versuche in Bodennähe benutzt wurde, so ist an diesem Projekt vor allem die Tatsache erwähnenswert, daß erstmals in der Geschichte der Luftfahrt ein Leuchtgasmotor verwendet wurde, der bei einer Leistung von 4 kW eine Geschwindigkeit von knapp 5 m/s ermöglicht hätte. Der Gasmotor konnte aus der Ballonfüllung gespeist werden.

Der erste Deutsche, der ein Luftschiff baute und erfolgreich ausprobierte, war der sächsische Oberforstmeister Ernst Georg Baumgarten. Er stieg am 31. Juli 1879 an Bord eines 20 m langen Ballons in der Nähe von Chemnitz in die Lüfte. Wenn auch der Antriebsmechanismus, den der Pilot mit eigener Muskelkraft betrieb, eher einen technischen Rückschritt gegenüber Haenlein darstellte, so ist es ihm doch gelungen, zu fliegen. 1882 führte er gemeinsam mit dem Leipziger Buchhändler Dr. Wölfert sein Luftschiff in Berlin vor den Mitgliedern des Deutschen Vereins zur Förderung der Luftfahrt sowie Vertretern des Kriegsministeriums und des Generalstabes vor.

Obwohl das Luftschiff schwebte, erfolgte keine finanzielle Unterstützung zur Weiterführung des Projektes und auch kein Kaufangebot. Wölfert löste das Problem der Lenkbarmachung auf eigene Kosten. Ihm kam dabei entgegen, daß Gottlieb Daimler 1883 den Benzinmotor erfand, den Wölfert für die Lösung des Problems der Lenkbarmachung für geeignet hielt. Der von ihm verwendete Motor hatte eine Leistung von 6 kW. Am Luftschiff selbst nahm er nur geringe Veränderungen vor. Interessant war die Lösungsvariante für die Höhensteuerung. Wölfert benutzte dafür nämlich eine senkrecht stehende Schraube, ähnlich dem Hubschrauberprinzip. Wölfert führte mit seinem Luftschiff einige erfolgreiche Probefahrten aus, doch die entscheidende Fahrt am 12. Juni 1897, als die preußische Luftschifferabteilung anwesend war, endete mit einem Absturz des Luftschiffes, bei dem Wölfert und dessen Mechaniker tödlich verunglückten. (Vgl. [36].)

Auch ein weiteres von der preußischen Luftschifferabteilung geförderes und von ihr später als „genial erbautes Meisterstück moderner Metallarbeit" bezeichnetes Luftschiffprojekt – das des Ungarn Schwarz – konnte lediglich die Schwebefähigkeit beweisen, nicht aber die Lenkbarkeit. Neu an diesem Modell war, daß es aus einem damals völlig neuartigen Material, aus Aluminium, gefertigt war. Das Aluminium war zwar schon 1824 von Oersted entdeckt und drei Jahre später von Wöhler in Reinform dargestellt worden, aber erst nachdem es auch großtechnisch hergestellt werden konnte (1886 in Frankreich, 1888 in Deutschland), sank der Kaufpreis rapide (vgl. Anhang, Tabelle S. 132) und konnte im Luftschiffbau Verwendung finden.

Der Lieferant des Aluminiums war für Schwarz der gleiche wie wenige Jahre später für Zeppelin: Carl Berg.

Noch weniger Glück hatten mit ihrer Luftschiffidee der Deutsche Hermann Ganswindt und der Russe Konstantin Eduardowitsch Ziolkowski. Beide entwickelten unabhängig voneinander und annähernd gleichzeitig ähnliche Vorstellungen über den Weg zur Eroberung der Luft und des Weltalls.

Ganswindt, der durch die Erfindung des Tretmotors, des Freilaufes in Rädern, des „Weltenfahrzeuges" und vieler anderer Dinge berühmt wurde, kam beim Anblick eines Riesenballons anläßlich der Pariser Weltausstellung im Jahre 1878 auf die Idee, ein Luftschiff zu konstruieren. Schnell erkannte er, daß nur sehr große Tragkörper in der Lage sind, dem Luftschiff eine genügend große Geschwindigkeit zu ermöglichen. [6] Doch all seine Vorträge über das Luftschiff, seine Bitten, ja sogar sein eingereichtes und anerkanntes Reichspatent halfen ihm nicht weiter.

Ziolkowski, der Nestor der sowjetischen Weltraumfahrt, hatte schon zehn Jahre vor Schwarz die Idee von einem Ganzmetallluftschiff, ohne je ein solches gebaut zu haben. Genial an seinem

Projekt war vor allem die Lösung des Antriebsproblems: Er wollte die aus dem Verbrennungsmotor entweichenden heißen Abgase zur Erwärmung des Traggases im Ballon benutzen, das dadurch unzweifelhaft an Auftriebsvermögen gewonnen hätte. Ziolkowski war es auch, der wohl als erster und wissenschaftlich exakt nachwies, daß der zu erwartende Luftwiderstand des Luftschiffes niedriger sein müsse, als die Gegner der Luftschiffidee vermuteten. Damit entkräftete er die voreiligen Schlußfolgerungen Newtons über die Strömungswiderstände in Flüssigkeiten.

Noch bis gegen Ende des 19. Jahrhunderts meinten die Luftschiffbauer und die Wissenschaftler auf dem Gebiet der Luftfahrt, daß die Lösung des Translationsprinzipes und damit die endgültige Lösung des Flugprinzipes „leichter als Luft" allein von der erbrachten Motorenleistung abhinge.

Doch bereits bei den Flügen der „La France" zeigten sich neue, vorher nicht vorausschaubare technische Probleme. Von ausschlaggebender Bedeutung wurde z. B. eine solche Frage wie die Erhaltung der prallen Form des Ballons sowohl bei schneller Fahrt als auch bei Gegenwind.

Aufgaben wie die Sicherung der longitudinalen Stabilität (das Stampfen) des Luftschiffes, die Beibehaltung des Kurses (das Gieren), die vertikale Steuerung, die Anbringung der Gondeln für die Motoren und die Besatzung aus aerodynamischer Sicht, die Beachtung der veränderten Luftdruck-, Temperatur- und Feuchtigkeitbedingungen in unterschiedlichen Höhen und zu allen Jahreszeiten, die Kraftübertragung vom Motor auf die Propeller und weitere waren das Hauptarbeitsfeld der Luftschiffbauer. Diese letzte Periode der Luftschiffahrt, die etwa um die Jahrhundertwende begann, wurde getragen von solchen hervorragenden Luftschiffbauern wie den bayrischen bzw. preußischen Wissenschaftlern und Majoren Parseval und Groß sowie dem Württemberger General Zeppelin. (Vgl. [37].)

Die glänzendste Lösung dieser Probleme gelang dem ehemaligen Kavalleristen, dem wissenschaftlichen Außenseiter, aber von der Idee der Luftschiffahrt fanatisch besessenen Ferdinand Graf von Zeppelin.

Diese bahnbrechende Leistung auf dem Gebiet des Verkehrswesens soll uns Anlaß sein, die so außergewöhnliche Persönlichkeit mit ihren zahlreichen Widersprüchen näher vorzustellen.

Aus dem Leben des Grafen Ferdinand von Zeppelin

Herkunft

Ferdinand Adolf August Heinrich Graf von Zeppelin wurde am 8. Juli 1838 in Konstanz am Bodensee als Sohn des Grafen Friedrich von Zeppelin und dessen Ehefrau Amélie Macaire d'Hogguer geboren.

Der ehemalige Generalleutnant der Kavallerie und spätere Luftschiffbauer Ferdinand von Zeppelin hinterläßt in uns heute einen recht widersprüchlichen Eindruck. Diese Widersprüchlichkeit in seinem Wesen war ihm sicherlich vererbt worden, und die gesellschaftliche Umwelt tat ihr übriges.

Väterlicherseits gehörte die Familie Zeppelin zum deutschen Uradel. Sie ist im Mecklenburgischen schon frühzeitig nachweisbar und wird urkundlich erstmals 1286 erwähnt. Die Zepelins – so die Schreibweise des Mecklenburger Zweiges – waren Junker oder auch Raubritter und später als Offiziere in preußischen, dänischen, schwedischen, englischen, österreichischen und anderen Armeen Europas zu finden.

Oftmals standen die Vorfahren Zeppelins am Rande des wirtschaftlichen Ruins, aber immer wieder gelang es ihnen, einen Ausweg aus diesen Situationen zu finden.

Ferdinand von Zeppelin fühlte sich allerdings jedesmal, besonders in seinen späteren Jahren, peinlich berührt, wenn in Gesprächen seine mecklenburgischen Ahnen erwähnt wurden. Er hat auch nie seine ursprüngliche Heimat aufgesucht. Lediglich im Jahre 1916, kurz vor seinem Tode, überflog er mit dem LZ 98 diesen Teil Mecklenburgs. Als er mit dem Luftschiff das kleine Dorf Zepelin, das sich in der Nähe von Bützow befindet, passierte, soll er zu den Umstehenden geäußert haben: „Sehen Sie, das ganze Land da unten gehörte einst meinen Vorfahren. Aber diese Herren haben alles vertrunken und vertan." [15, S. 177]

Im 18. Jahrhundert wurde dieses Wechselspiel von Landerwerb und Konkurs verändert, als nämlich der spätere Großvater Ferdinands, Ferdinand Ludwig, und dessen Bruder Karl endgültig dem Mecklenburgischen den Rücken kehrten und sich als Fähnriche in den Dienst des Herzogs von Württemberg begaben. Damit wurde nun für diesen Zweig der Zeppelins das Land Württemberg zur neuen Heimat.

Als sichtbares Zeichen der Abkehr vom Norddeutschen nahmen beide Brüder eine neue Schreibweise ihres Namens an: Aus dem harten Zepelin wurde nunmehr das weichere, dem Süddeutschen angepaßte Zeppelin, mit der Betonung auf der letzten Silbe. Die beiden Brüder machten am Hofe des Herzogs von Württemberg nicht nur auf militärischem Gebiet schnell Karriere, sondern auch und vor allem auf diplomatischem. Karl, der ältere der beiden Brüder, brachte es bis zum Minister, und Ferdinand wurde, nachdem er wegen Kriegsverletzungen seinen Dienst quittieren mußte, zum Reise- und Hofmarschall des Herzogs bestimmt. Er übernahm nach dem Tode Karls auch dessen Ministerialamt.

Bis dahin erlebte jedoch Europa, der Staat Württemberg und die Familie Zeppelin eine konfliktreiche Geschichte. die durch die Unterwerfung Deutschlands unter das Diktat der französischen Großbourgeoisie mit Napoleon I. an der Spitze, die Zerschlagung des Heiligen Römischen Reiches, die Gründung des Rheinbundes, die „Erhebung" des Kurfürstentums Württemberg zum Königreich von Napoleons Gnaden, aber auch durch den Beginn der bürgerlichen Umwälzung und der industriellen Revolution in Deutschland gekennzeichnet ist. Für Ferdinand Ludwig von Zeppelin, den Großvater von Ferdinand, war jene Zeit auch deshalb bedeutsam, weil er im Gefolge der Königsernennung seines Landesfürsten im Jahre 1806 selbst in den Grafenstand erhoben wurde. Als offizieller Gesandter Württembergs ging er ein Jahr später an den Hof Napoleons nach Paris.

Mütterlicherseits zeichneten sich die Vorfahren Ferdinand von Zeppelins durch ganz andere Wesensmerkmale aus. Die Macaires waren hugenottische Flüchtlinge, die im Zuge der gewaltsamen Vertreibung aus Frankreich in der Schweiz Zuflucht gefunden hatten. Wir finden unter ihnen einige Vertreter, die ein ausgesprochen feines Gespür für den Fortschritt aufwiesen, die überdurchschnittliche handwerkliche Fertigkeiten besaßen, die früh ökonomisch zu denken lernten, die über ein ausgezeichnetes Organisationstalent verfügten und die nicht selten eine auffallende künstlerische Ader besaßen. Sehr viele unter ihnen waren einfühlig und sehr naturverbunden.

Der Urgroßvater Ferdinands erhielt durch Förderung von Kaiser Joseph II. auf der „Insel" bei Konstanz, dem späteren Geburtsort Ferdinands, eine Kattunfabrik, um die Baumwollmanufaktur in Deutschland anzusiedeln. Als Kapitalist und Erfinder einiger Textiltechnologien wurde er zu einem der erfolgreichsten Pioniere der industriellen Revolution im süddeutschen Raum.

Der Großvater Zeppelins, David Macaire, setzte diese progressive Tradition fort und ließ zum Beispiel die ersten Dampfschiffe, jenes besondere Zeichen des neuen industriellen Zeitalters, auf dem Bodensee vor der staunenden Öffentlichkeit fahren. Zu ihm fühlte sich Ferdinand sehr stark hingezogen, und von ihm lernte er, bewußt oder nicht, erstes ökonomisches Denken und gewann so auch einfachste technologische Erfahrungen. Möglicherweise hat ihn das später veranlaßt, Ökonomie zu studieren.

David Macaires Tochter Amélie heiratete 1834 den Grafen Friedrich von Zeppelin. Aus dieser Ehe gingen drei Kinder hervor: Eugenie (1836–1911), Ferdinand (1838–1917) und Eberhard (1842–1906). Die Familie Zeppelin wohnte nur wenige Kilometer von Konstanz entfernt auf dem Gute Girsberg im Schweizer Kanton Thurgau, das sie von den Macaires geschenkt bekam.[1] Erwähnenswert ist das Gut Girsberg vor allem deshalb, weil es in der ganzen Umgebung als der am besten organisierte und am effektivsten arbeitende kapitalistische Agrarbetrieb galt. Moderne landwirtschaftliche Methoden führten zu einer raschen Produktivitätssteigerung und zur beträchtlichen Erhöhung der Erträge. Gewisse Elemente kapitalistischer Produktion wurden hier bereits lange, bevor sie sich auch in anderen Landwirtschaftsbetrieben in Deutschland durchsetzten, erprobt und entwickelt. Für Ferdinands geistige Entwicklung erlangte dieses Gut noch aus einem gänzlich anderen Grund Bedeutung. Dort trafen sich Vertreter aus den höchsten Kreisen der unmittelbaren Umgebung, also aus Deutschland, Österreich, der Schweiz und vor allem aus Frankreich. Am Rande der zahlreichen Empfänge und Bälle ging es nicht selten auch um politische und ökonomische Probleme, lokale ergänzten sich dabei mit deutschen und europäischen Aspekten.

Die Mutter Ferdinands hatte eine besonders nachhaltige Wirkung

---

[1] Schloß Girsberg ist heute Wohnsitz von Alexa Freifrau von Koenig-Warthausen, einer Enkelin des Grafen Zeppelin.

auf die charakterliche Bildung und die allgemeine Erziehung
Ferdinands. Amélie Macaire war eine temperamentvolle Froh-
natur. Sie war feinfühlig und geistig sehr beweglich. Ihre gute
Beobachtungsgabe hat sich offenbar ebenfalls auf ihren Sohn übertragen. Erwähnenswert an ihr sind auch bestimmte Erziehungs-
methoden und die Fähigkeit, kindliche Motive zu erkennen und
zielgerichtet zu fördern. Folgender Brief an eine ihrer Verwandten
kann Aufschluß über ihre pädagogischen Fähigkeiten und den
damaligen Entwicklungsstand Ferdinands geben:

Ferdinand ist 5½ Jahre alt, ein blauäugiges, blondgelocktes Engelsköpf-
chen, der Liebling der Onkel und Tanten, wird in auswärtigen Kreisen der
Herzkäfer, zu Hause Knöpfleschwab genannt, welche beide Titel ihm gleich
gut stehen. Ferdinand ist wie sein Vater die Gemütlichkeit selbst. Seine
wissenschaftlichen Studien haben noch nicht begonnen, er wendet aber seine
ihm angeborenen Geistesgaben beim Kühehüten, Jäten, Steineführen usw.
mit Erfolg an. Er ist auch so ziemlich ‚au fait‘ aller landwirtschaftlichen
Arbeiten, weiß immer genau, auf welchem Felde die Knechte beschäftigt
sind, interessiert sich ungemein für neue Pflüge und Sämaschinen usw. Er
ist selbst stolz darauf, ein Württemberger zu sein und eben sein erstes Paar
Stiefel bekommen zu haben. [35, S. 36]

Ferdinand von Zeppelin wuchs in einer aristokratischen Familie
auf, die aus ökonomischen Gründen am politischen Geschehen
ihrer Zeit aktiv teilnahm. So wurde er schon in der Kindheit mit
sozialökonomischen und sozialpolitischen Problemen vertraut gemacht. Aus national-ökonomischen Interessen wandte sich der
Kreis um die Familie Zeppelin Preußen zu, wenn auch die politischen Sympathien mehr den Österreichern galten. In diesem
Widerspruch wurde Ferdinand erzogen. Er konnte sich ihm zeitlebens nicht entziehen.

Kindheit und Jugend

Kindheit und Jugend von Ferdinand Graf von Zeppelin verliefen sorgenfrei und geradlinig. Die vermögenden Eltern und
Großeltern ermöglichten ihm ungezwungene Kinderjahre, die
angefüllt waren mit viel Spiel und umfangreicher Freizeit. Der
kleine Ferdinand besaß zum Beispiel ein eigenes Pferdchen, für
dessen Pflege und Dressur er ganz allein verantwortlich war. Die
Eltern verbanden diesen Auftrag mit der Erwartung, Ferdinand
möge sich in Ausdauer trainieren und ein hohes Maß an Pflicht-
gefühl anerziehen. Er erfüllte diese elterlichen Hoffnungen vor-

züglich und beschäftigte sich nun ständig mit dem Tier. Die immer enger werdende Bindung zwischen dem jungen Zeppelin und dem Ponny entwickelte sich schon bald zu einer echten kindlichen Liebe, die der Graf später weder als Kadett, als Student, als Kavallerist, als Diplomat noch als Luftschiffbauer jemals verlor. Stets gehörte es zu seinen schönsten Freuden, wenn er ziellos in der Natur umherreiten konnte.

Die Schulbildung Ferdinands erfolgte wie bei fast allen Angehörigen des Adels im Hausunterricht. Die wichtigsten Unterrichtsfächer waren neben dem Schreiben, dem Lesen und dem Rechnen die Religion, die Naturkunde und die Geschichte. Er war sehr wißbegierig, besonders, wenn es um technische Dinge ging, hatte ein gutes Gedächtnis, und das Lernen fiel ihm leicht.

Die Erziehung des jungen Ferdinand war, gemessen an den in adligen Kreisen sonst üblichen Normen und Werten, durchaus seiner Zeit voraus und für seine Klasse nicht typisch. Das betraf neben der charakterlichen, moralischen, patriotischen, körperlichen, religiösen und geistigen Erziehung besonders die Erziehung zur gesellschaftlich nützlichen Arbeit. So erinnerte sich Graf Zeppelin später einmal folgendermaßen an seine früheste Kindheit:

Wir suchten mit Eifer in kindlichem Spiel in alle dem tüchtig zu werden, was wir die Großen ringsum treiben sahen. Jeder (gemeint sind seine Geschwister – M. B.) hatte sein Gärtchen, das er mit eigenem Gerät in Ordnung hielt. Ich selbst zog Gemüse und hatte eine kleine Tragbutte, in der ich dann für die Verwandten und ins freundnachbarliche Schloß Castell mein selbstgezogenes Produkt zum Verkauf trug.
Wir hatten eigene Dreschflegel, unserer Größe angepaßt, und haben öfters tüchtig und ausdauernd mitgedroschen. [35, S. 37]

Für die spätere Entwicklung Zeppelins zum erfolgreichsten Luftschiffbauer aller Zeiten hatte dessen ehemaliger Hauslehrer Moser eine wichtige Bedeutung. Im Zusammenhang mit Mosers Erinnerungen an seinen Empfang auf Girsberg schilderte er auch die Besonderheiten seines Lehrstils. Er schrieb:

Es war der 20. August 1850. Ein Portal von hochgewachsenen Pappeln kündigte von fern den adeligen Herrschaftssitz an . . . Ehe ich an der Treppe ankam, sprangen mir zwei Knaben entgegen und geleiteten mich auf mein Zimmer . . . Begierig hatten sie meine Ankunft erwartet und musterten nun von Kopf bis zu Fuß die Person und den Aufzug ihres neuen Hofmeisters.
Von Anfang wich ich von dem Brauche ab, dem Lateinischen alles andere unterzuordnen. Ich räumte auch den Realien (das sind Mathematik, Natur-

wissenschaften, Geographie, Geschichte u. a. – M. B.) das ihnen gebüh-
rende Recht ein ... Die jetzt beliebte Methode, von der Heimat auszuge-
hen und in immer weiteren Kreisen sich auf der Erde umzusehen, hielt ich
nicht ein. Im Gegenteil fing ich mit den Meeren und Inseln an. Besondere
Sorgfalt verwendete ich auf den deutschen Aufsatz und die Bildung des
deutschen Stils. Ich gewöhnte meine Zöglinge an selbständiges Arbeiten und
Denken und suchte es so einzurichten, daß ihnen das Lernen nicht entlei-
dete. [24, S. 13]

Von Herrn Vikar Moser, seinem Hauslehrer, lernte Ferdinand das
Basteln und Handwerkeln. Der junge Zeppelin konnte ausgezeichnet hobeln, schreinern und schnitzen. Einfachste kraftumformende
Einrichtungen wie Wasserräder und Flaschenzüge baute er mit
seinem Lehrer und probierte sie aus. In allem, was Ferdinand entwarf, baute, überprüfte, verbesserte und gelegentlich auch verwarf,
gewährte ihm Moser ein hohes Maß an Eigenständigkeit. Das förderte die psychische Entwicklung der Persönlichkeit des jungen
Grafen außerordentlich und schulte dessen technische Phantasie.
Im Vordergrund standen dabei zwei Lernhandlungen, die der spätere Luftschiffbauer immer wieder mit Erfolg anwandte: das
praktisch-gegenständliche Verändern von Objekten und das Arbeiten mit Modellen.
In der religiösen Erziehung verfuhren die strenggläubigen evange-
lischen Eltern und die Hauslehrer Ferdinands freizügig. Das führte
dazu, daß Zeppelin zwar stets ein religiös empfindender Mensch
blieb, sich aber nie sehr zu kirchlichen Institutionen hingezogen
fühlte. Sein im Alter von 14 Jahren kurzzeitig geäußerter Wunsch,
Missionar werden zu wollen, entstand wohl doch, wie sein Vater
später vermutete, mehr unter dem Schock, den der Tod seiner Mutter in ihm auslöste.
Ferdinand von Zeppelin liebte die körperliche Betätigung von
Kindesbeinen an, und verschiedene gymnastische Übungen gehörten ständig zu seinem Tagesablauf. Gern tobte er im Wald herum,
erkletterte Bäume oder tollte im Wasser des Bodensees. Noch als
Hochbetagter beschämte er mit seinen Balancekünsten in den Ge-
rüsten seiner Luftschiffe so manchen viel Jüngeren. Auch an kal-
ten Tagen sah man ihn oft im Bodensee schwimmen.
Nachhaltigsten Eindruck hinterließ in Ferdinand eine ausgedehnte
Reise „zur Erholung vom Unterricht und zur Weitung seines Blik-
kes“ in die nähere und weitere Umgebung seiner württembergischen
Heimat. Und es ist schon beachtlich, daß er im Anschluß an die-

sen Ausflug, damals war er gerade 13 Jahre alt, einen 36seitigen Aufsatz über diese Reise zu den Baudenkmälern, technischen Sehenswürdigkeiten und Naturschönheiten Württembergs verfaßte. Übrigens begleitete ihn damals sein 4 Jahre jüngerer Bruder Eberhard, der dann später in jahrelanger wissenschaftlicher Arbeit eine Dokumentation über die Geschichte, Geologie und Biologie des Bodensees verfaßte.

Die patriotische Erziehung Ferdinand von Zeppelins war von einer pauschalen antipreußischen Tendenz bestimmt. Moser negierte dabei jedoch auch progressive Elemente in der Entwicklung Preußens in jener Zeit. Insbesondere verkannte er die Rolle der liberalen preußischen industriellen Großbourgeoisie als entscheidende Triebkraft für die Entwicklung der Produktivkräfte.

In Zeppelin entstand die Abneigung gegen alles Preußische aber nicht allein durch bewußte erzieherische Einflüsse seines Lehrers Moser, sondern er hatte auch konkrete Anlässe. Ein solcher ergab sich unwillkürlich im Revolutionsjahr 1849. Damals hausten preußische Exekutionstruppen in Konstanz, die nach versprengten Emi-

8 Der junge Ferdinand Graf von Zeppelin im Alter von 15 Jahren (Nach einem Gemälde von Theodor Schütz)

granten suchten. Ohne sich mit den Betroffenen solidarisch zu fühlen, verletzte den jungen Zeppelin das anmaßende Auftreten der preußischen Armee in seiner Heimat. Vergnügt, ohne sich der politischen Tragweite dessen bewußt zu sein, sang und pfiff er auf der Straße antipreußische Volkslieder.

Überhaupt lehnten Zeppelins Eltern, seine Hauslehrer und er selbst alle preußischen Drillmethoden in Bildung und Erziehung rundweg ab. Diese Ablehnung sollte Zeppelin Jahrzehnte später, als er schon längst die militärische Laufbahn aufgenommen hatte und in preußischem Sold stand, noch mehrmals in arge Schwierigkeiten mit seinen Vorgesetzten bringen.

Zu seinem Hauslehrer Moser hatte Zeppelin eine besonders enge Beziehung. Aus dem anfänglichen Lehrer-Schüler-Verhältnis entwickelte sich schnell ein Freund-Freund-Verhältnis, das jahrzehntelang bis zum Tode Mosers anhielt. In einem Brief schrieb der mittlerweile 38jährige Zeppelin an ihn:

Teurer Freund!
Herzlichen Dank für den warmen Ausdruck Deiner treuen Liebe! Einige Beschämung freilich willst Du mir immer nicht ersparen, indem Du stets wieder Worte, wie ‚Dank‘ und ‚Verehrung‘ und dergleichen verwendest. Worte, die meine Vorstellung von einem Verhältnis verwirren, wo jeder Teil frei geben und frei empfangen sollte. [4, S. 11]

Von Moser lernte Zeppelin übrigens auch das Schachspielen, das für ihn zu einer lebenslangen Leidenschaft wurde. Ferdinands schulische Leistungen waren gut, keineswegs außergewöhnlich, wie uns ein Blick in Zeppelins ehemaliges Zeugnisheft zeigen würde. Amüsant und erwähnenswert sind hingegen zwei Einträge darin, weil sie sichtbar machen, daß Ferdinand bereits als Kind leicht erregbar war und auffallend stur sein konnte:

Ferdinand war diese Woche mehrmals unartig und hatte sogar die Frechheit, seinen Lehrer zu hauen. [4, S. 23]

Und an anderer Stelle:

Ferdinand ist seit einigen Tagen stockdumm. [4, S. 23]

Im Jahre 1853 verließen die beiden Brüder Zeppelin die Stätte ihrer Geburt und Kindheit. Eberhard besuchte nun die Lateinschule in Cannstatt und Ferdinand die oberste Klasse der Polytechnischen Schule in Stuttgart.

Solche Polytechnischen Schulen, Gewerbeschulen oder sogenannte Technische Schulen entstanden in der ersten Hälfte des 19. Jahrhunderts in einer Reihe von deutschen Städten in Wechselbeziehung zur industriellen Revolution. Sie wurden in den Residenzstädten wie Karlsruhe, München, Dresden, Darmstadt, Hannover und Berlin zu Vorläufern der heutigen Technischen Hochschulen bzw. Universitäten. Aus ihnen gingen hervorragende Wissenschaftler und Techniker für viele Wissenschaftsdisziplinen und Unternehmen hervor.

Vom Kadetten zum Generalleutnant

Mit dem Tod der Mutter Zeppelins schwand der direkte Einfluß der Macaires auf Zeppelin beträchtlich. Sein Vater mag wohl gemeint haben: Eberhard, sein jüngstes Kind, besitzt leider nur wenig Neigung und Eignung für eine militärische oder diplomatische Karriere. Deshalb soll Ferdinand der Familientradition der Zeppelins und seiner aristokratischen Herkunft entsprechend diese Laufbahn einschlagen und zunächst Kadett in der württembergischen Armee werden. Dem Vater schien es keine vernünftige Alternative für Ferdinands weiteren Lebensweg zu geben.
Der junge Zeppelin war aber von dieser Aussicht alles andere als begeistert. Ihn reizte die Beschäftigung mit der modernen Technik und die Betätigung in der freien Natur viel mehr. Er folgte trotzdem dem Wunsche seines Vaters und trat als 17jähriger nach dem Abschluß der Polytechnischen Schule in Stuttgart als Kadett in die Kriegsschule in Ludwigsburg ein. Hier sollte er in allen Fragen der Kriegsführung und -technik ausgebildet werden. Hinzu kamen noch verschiedene technische Disziplinen wie Statik und Ballistik.
Aus den Briefen, die Zeppelin in jener Zeit an seinen Vater und seine Schwester schrieb, kann man deutlich herauslesen, mit welchem Widerwillen er seinen Dienst tat. Am meisten mißfielen ihm wohl die Lehrer und Vorgesetzten, die nach seiner Meinung weder aus einem echten Gefühl heraus hier unterrichteten noch durch besondere Fähigkeiten auffielen. Auch die auf Unterdrückung der Individualität und Kreativität ausgerichteten Unterrichtsmethoden stießen ihn ab. Zeppelin sehnte sich mehr denn je nach zu

Hause, auf das Gut seines Großvaters Macaire, zu seinem Vater zurück, und wehmütig dachte er an seine glückliche Kindheit, in der er sich stets frei äußern konnte und wo er angehört wurde.

Zeppelin durchstand pflichttreu die zwei Jahre Kadettenschule, ohne sich jedoch für seine zukünftige militärische Laufbahn zu erwärmen. Er verließ im September 1858 die Schule im Range eines Leutnants.

Folgerichtig hätte sich an diese Grundausbildung der aktive Truppendienst in einer militärischen Einheit für Zeppelin angeschlossen. Aber überraschenderweise gelang es ihm, einen ganz anderen Weg einzuschlagen, einen Weg, der seinen Begabungen und Interessen genau entsprach: Zeppelin ließ sich noch im Oktober des gleichen Jahres an der Universität Tübingen immatrikulieren, die ihm übrigens genau 50 Jahre später für seine Verdienste beim Bau des Luftschiffes die Ehrendoktorwürde verlieh.

An der Tübinger Universität besuchte Ferdinand neben anderen Disziplinen am liebsten offenbar jene, die sich mit Problemen der mechanischen Technologie und der anorganischen Chemie beschäftigten. Während ihm die Mechanik und die Technik in all ihren Teilgebieten schon seit frühester Kindheit fesselten, entsprang sein plötzlich auftretendes Interesse für die Chemie wohl doch eher der Mode der Zeit.

Wenn es nach dem Willen Zeppelins gegangen wäre, hätte er nicht schon nach einem Jahr die Universität wieder verlassen. Doch das Jahr 1859 sollte für seine theoretischen Studien das vorläufige Ende bedeuten.

In diesem Jahr wollte die bonapartistische Diktatur in Frankreich durch ein außenpolitisches Abenteuer ihr angegriffenes innenpolitisches Ansehen wieder aufpolieren. Vor Europas Völkern sollte der alleinige Führungsanspruch Frankreichs nachdrücklich demonstriert werden. Als Angriffsobjekt wählte Napoleon III. die oberitalienischen Provinzen Lombardei und Venetien, die damals zum Habsburger Vielvölkerstaat gehörten. In diesen Provinzen wuchs um jene Zeit die patriotische, gegen Österreich gerichtete Bewegung mächtig an. Napoleon nahm diesen Vorwand als Motiv zum Krieg gegen Habsburg. Gleichzeitig bekräftigte er den Anspruch Frankreichs auf die linksrheinischen Gebiete Deutschlands.

Württembergs Königshaus und die Hofkamarilla sahen sich in einem möglichen Krieg Frankreichs gegen Habsburg die vermeintliche Schutzmacht des süddeutschen Partikularismus bedroht und unterstützten deshalb rückhaltlos Österreich.

Zeppelin gehörte, trotz des Studiums an einer zivilen Hochschule, immer noch als Leutnant dem 8. Infanterieregiment Württembergs an. Deshalb wurde er im Zuge der ersten Mobilisierungsmaßnahmen zum Kriegsdienst einberufen, und zwar zum Ingenieurkorps nach der Festung Ulm und nach weiteren drei Monaten in die Ingenieurabteilung des Generalquartiermeisterstabes in Ludwigsburg, jener Stadt, in der er wenige Jahre zuvor mit so viel Widerwillen die Kriegsschule als Kadett absolvierte.

Zeppelin wählte nicht zufällig die ingenieurtechnische Abteilung zu seinem künftigen Betätigungsfeld. Sie verkörperte zu jener Zeit noch am ehesten den technischen Fortschritt innerhalb der feudalen Armeen Europas. Während in den meisten anderen Waffengattungen der Adel, ohne Rücksicht auf besondere Fähigkeiten des einzelnen, fast absolut herrschte und sich aus dünkelhafter Überheblichkeit nahezu jedem Fortschritt in der Kriegstechnik versperrte, erkannten einige weitsichtige Vertreter der herrschenden Klasse, daß in den ingenieurtechnischen Abteilungen und in den Artillerieschulen die technischen Wissenschaften zu einer wesentlichen Verbesserung der Kriegstechnik führen können. Sie ermöglichten damit zahlreichen befähigten Angehörigen des Bürgertums bzw. Wissenschaftlern den Zugang zu Führungspositionen in diesen militärischen Bereichen.

Deshalb, so meinte Zeppelin, könne er hier jene Gesprächspartner finden, mit denen er gemeinsam und am besten nutzbringend für die Verteidigung seiner württembergischen Heimat wirken könne.

Zeppelin blieb hier zwei Jahre, in denen er sein Wissen in technischer Mechanik, Ballistik, Statik und Aerodynamik weiter vervollkommnete.

Im Anschluß an die Ludwigsburger Zeit begann für Zeppelin wiederum ein völlig neuer Lebensabschnitt: Er wurde württembergischer Diplomat, wenn auch zunächst ohne offiziellen Status.

Im Auftrag seines Königs und des Kriegsministeriums bereiste er als Diplomat halb Europa – mit Ausnahme von Rußland und Preußen. Sein Geheimauftrag lautete, alle Möglichkeiten zu prüfen, wie das Land Württemberg seine Souveränität behalten könne.

Diesem Auftrag entsprechend wurde die Reise von Zeppelin und seinen Auftraggebern gründlich vorbereitet. So beschäftigte er sich z. B. mit dem Studium einiger europäischer Sprachen und mit bestimmten militärischen Fragen dieser Länder. Die wichtigsten Stationen der ersten Etappe seiner Reise waren Wien, wo er mit dem Kaiser eine Unterredung führte, Paris, wo er ebenfalls Gast der kaiserlichen Familie war, und Italien. Nach einer halbjährigen Pause, während der er in seiner Heimat weilte, um die Reiseeindrücke zu analysieren und sich gleichzeitig auf weitere Reisen vorzubereiten, führte ihn die zweite Etappe nach Nordwesteuropa. Seine Ziele waren jetzt England, Belgien und Dänemark. Überall nutzte Zeppelin die sich bietenden Möglichkeiten, um ein umfassendes Bild von den militärischen Potenzen der bereisten Staaten zu erhalten. Er nahm an zahlreichen Manövern teil, besichtigte Befestigungsanlagen, wohnte Musterungen bei und war Gast in ungezählten Offiziersklubs. Alles in allem müssen beide Reisen in die Frontstaaten zu Preußen auf Zeppelin einen deprimierenden Eindruck gemacht haben. Allerorts begegneten ihm Bürokratie, Schlamperei und großspuriges Getue. Teils waren dies deutliche Verfallserscheinungen einer überlebten Ordnung, teils Erscheinungen der bürgerlichen Gesellschaft, die am Soldaten, am Krieg verdienen wollte, vor allem verdienen. Zeppelin wurde klar, unter den derzeitigen Umständen war ein Krieg gegen Preußen aussichtslos.

Aber auch diese reale Einschätzung veränderte nicht Zeppelins Einstellung zum Partikularismus.

1860/61 bis 1865 war in Nordamerika der Sezessionskrieg, der nicht zu Unrecht als der erste moderne Krieg bezeichnet wurde, denn Grabenkämpfe, Drahtverhaue, Handgranaten, Flammenwerfer, Maschinengewehre, Eisenbahnartillerie, Panzerschiffe, Torpedos, Unterseeboote und Aufklärungsballons kamen hier erstmals in der Kriegsgeschichte zum Einsatz.

Zeppelin erbot sich, als neutraler Beobachter das Kriegsgeschehen in den USA selbst zu studieren und gegebenenfalls Elemente der Kampfesweise und der Kriegstaktik auf ihre Übertragbar-

keit auf württembergische Verhältnisse zu prüfen. Am 30. April
1863 trat er die Reise von Liverpool aus an.
Über die persönlichen Motive zu dieser erneuten Reisetätigkeit
berichtete Zeppelin seiner Schwester in einem Brief:

Ich durfte hoffen, den Gegenstand, den ich mir zum Hauptgegenstand meines Lebens wählen *mußte* (hervorg. – M. B.), den Krieg, einmal mit Hän-
den zu fassen in seiner blutigen Wahrheit, dadurch das Phantom, an dem
ich mich bisher *abgequält* (hervorg. – M. B.), zu einem lebendigen Wesen
geworden wäre. [4, S. 29]

In Amerika halfen ihm wieder einmal seine weitreichenden Beziehungen und sein weltmännisches Auftreten, um zahlreiche
Verbindungen zu führenden Militärs und Politikern aufzunehmen. Im Weißen Haus hatte er z. B. mit Abraham Lincoln eine
längere Unterredung, die ihn tief beeindruckte. Es war nicht
allein der äußere Unterschied zwischen den beiden – Zeppelin
nach europäischer Art im Gehrock und Zylinder und Lincoln in
betont lässiger Kleidung und Haltung –, der ihn überraschte, als
vielmehr die offene und ehrliche Weise, in der Lincoln das Ge-
spräch führte.
Überhaupt verwunderte Zeppelin die Tatsache, daß das nord-
amerikanische Offizierskorps einschließlich des Oberbefehls-
habers aus bürgerlichen Kreisen stammte und sich durchaus
„volkstümlich" gab. Während kriegerischer Handlungen kämpf-
ten sie in der vordersten Linie mit und scheuten sich auch nicht
vor körperlichen Strapazen und Entbehrungen. Zeppelin konsta-
tierte: Die Kampfmoral der Armeen Amerikas ist unvergleich-
lich besser als in irgendeiner Armee Europas. Später, als er selbst
Befehlshaber militärischer Einheiten war, merkte er jedoch, daß
eine Übertragbarkeit solcher Verhältnisse auf eine mit feudalen
Traditionen belastete Armee unmöglich war. Real schätzte er in
logischer Konsequenz ein, daß militärischer Drill nach preußischem Vorbild und schillernde Uniformen, wie sie in allen deutschen Klein- und Mittelstaaten typisch waren, über den Ausgang
einer Schlacht nicht entscheiden. Hingegen trat er für eine moderne gefechtsbezogene Ausbildung der Rekruten ein. Deshalb
kam es später immer wieder zu ernsthaften Auseinandersetzungen vor allem mit seinen württembergischen Vorgesetzten.
Zeppelin ritt im Krieg selbst einige Attacken mit, jedoch nach
eigener mehrfacher Beteuerung stets ohne gezogenen Säbel, offen-

bar in der zweifelhaften Hoffnung, im Kampf Mann gegen Mann von den Feinden geschont und als Gefangener milde behandelt zu werden. Für diesen speziellen Fall hatte Graf Zeppelin sich einen besonders raffinierten Trick einfallen lassen, der gleichzeitig seine Fähigkeit unterstreicht, weitsichtig alle möglichen Varianten zu durchdenken: Er trug nämlich, unauffällig an das Uniformfutter eingenäht, einen „warmen Empfehlungsbrief an den General Lee (Oberbefehlshaber der Truppen der Südstaaten – M. B.) von dessen reizender Nichte, die er in Philadelphia kennengelernt hatte".

In seinen Amerikaaufenthalt fiel eine ganz ungewöhnliche Episode im Leben Zeppelins, die nicht unerwähnt bleiben sollte, auch wenn sie für sein späteres Wirken als Luftschiffbauer keine Bedeutung hatte. Gemeinsam mit zwei russischen Emigranten und zwei Indianern unternahm er eine, allerdings völlig fehlgeschlagene, Expedition an die bis dahin unbekannten Quellgebiete des Mississippi. Über die eigentlichen Motive für diese strapazenreiche Reise schwieg sich Zeppelin zeitlebens aus. Es lag auch kein militärischer Auftrag für dieses lebensgefährliche Unternehmen vor. Vielleicht trieb ihn ganz einfach Abenteuerlust, vielleicht Geltungsdrang, es anderen berühmten deutschen Reisenden in unerforschtes Land gleichzutun.

Für seine spätere Laufbahn als bedeutendster Luftschiffbauer aller Zeiten hatte hingegen eine völlig andere Begebenheit aus dem amerikanischen Krieg ausschlaggebende Bedeutung: Er bekam einen ersten Eindruck von der militärischen Verwendbarkeit der Ballons, die er bisher nur von den Jahrmärkten kannte. Bei Saint Paul in Minnesota stieg er am 18. 8. 1863 selbst in einem Fesselballon auf und überzeugte sich, daß ein Ballon zum Beispiel für die Feindaufklärung durchaus von Nutzen sein konnte.

Knapp 50 Jahre später prägte ein führendes Mitglied des kaiserlichen deutschen Generalstabes den Satz: Luftschiffe sind die Augen der Flotte! und kam damit unbewußt der Auffassung Zeppelins im amerikanischen Bürgerkrieg ziemlich nahe.

Die vielen anderen militärischen und sonstigen Reiseeindrücke ließen die Erinnerungen an den Ballonaufstieg in Zeppelin zwar zunächst verblassen, vergessen hat er sie jedoch nie.

Nach einem halbjährigen Aufenthalt, im November 1863, kehrte

Zeppelin wieder nach Württemberg zurück und verrichtete als Leutnant in seinem alten Regiment Truppendienst. Er fiel hier weder durch besondere Diensteifrigkeit noch durch überragende militärische Fähigkeiten auf. Nur in einem unterschied er sich von den anderen Offizieren seiner militärischen Ebene: Er versuchte, ein aristokratisch-dünkelhaftes Verhältnis zu seinen Untergebenen zu vermeiden.

Das mußte freilich ebensolch absolutes Unverständnis im gesamten Offizierskorps hervorrufen wie der von ihm streng auseinandergehaltene Unterschied zwischen „sehendem und blindem Gehorsam der Truppe".

Im April des Jahres 1865 berief König Karl von Württemberg Zeppelin zu einem seiner Adjutanten. Die Adjutantur setzte sich damals aus einem General, drei Stabsoffizieren und einem Rittmeister zusammen. Zeppelin war nur Oberleutnant und gehörte auch noch nicht dem Stab an – war also von dieser Seite her eigentlich gar nicht zum Adjutanten prädestiniert. Also werden wohl andere Auswahlkriterien für die frei gewordene Stelle zugunsten Zeppelins entschieden haben. Ein Grund dürfte die seit drei Generationen bestehende enge Beziehung der Familie Zeppelin zum Königshaus gewesen sein. Aber es würde der Person Zeppelins nicht gerecht werden, wollte man den steilen Anstieg seiner Karriere lediglich auf „Beziehungen" zurückführen. Von ausschlaggebender Bedeutung für seine Berufung an den Königshof waren sicherlich die für sein relativ junges Alter – Zeppelin war 27 Jahre – überdurchschnittlichen diplomatischen und militärischen Erfahrungen, die er bei seinen jahrelangen Reisen durch Nord-, Süd- und Westeuropa sowie in Amerika sammelte.

Als Adjutant des Königs gehörte Ferdinand Graf von Zeppelin zur unmittelbaren württembergischen Hofkamarilla. Seine Beratertätigkeit umfaßte militärische sowie außen- und innenpolitische Probleme. In dieser Rolle mußte er schon bald die für ihn erschreckende Feststellung machen, daß sich der König für keines dieser Themen interessierte, sondern seine ganze Aufmerksamkeit auf die Hofhaltung konzentrierte.

Das württembergische Königshaus und der ihn umgebende Adel erkannten zu jener Zeit noch nicht die Notwendigkeit und noch weniger die Möglichkeiten für tiefgreifende gesellschaftliche Reformen:

In der nationalen Frage setzten jene Kreise immer noch auf Habsburg als der Schutzmacht des süddeutschen Partikularismus; innenpolitisch verkannte der Adel völlig die Rolle des liberalen Bürgertums und der sich formierenden Arbeiterklasse, und auf militärischem Gebiet sträubte man sich – aus völliger Unkenntnis des tatsächlichen Sachverhaltes –, eine Heeresreform nach preußischem Vorbild durchzuführen.

Im Unterschied zu seinem Königshaus und den meisten Adligen in seiner unmittelbaren Umgebung erkannte Zeppelin die sozialökonomische Grundfrage seiner Zeit. Das wird besonders deutlich in Zeppelins Stellung zur Arbeiterklasse. Während der eine Teil des württembergischen Hofadels die Arbeiterklasse als soziale Kraft völlig negierte und ein anderer Teil – zu ihm gehörte der Polizeiapparat – jede Regung innerhalb der Arbeiterbewegung mit brutalster Gewalt unterdrücken wollte, sah Ferdinand von Zeppelin z. B. in den Arbeitervereinen eine „der wichtigsten Erscheinungen der Gegenwart". Er schlußfolgerte daraus, daß man derartige Aktivitäten der Arbeiterklasse wachsen und gedeihen lassen solle – selbstverständlich unter steter behördlicher Kontrolle –, damit sie sich nicht eines Tages in „Ungeheuer" und „Ausgeburten" verwandelten.

In der nationalen Frage und auf militärischem Gebiet wendete sich Zeppelin bereits während des Krieges gegen Dänemark (1863–1864) zur Lösung der schleswig-holsteinischen Frage vom Partikularismus ab.

Die Hinwendung zu Preußen wurde endgültig nach dem Bruderkrieg zwischen Preußen und Österreich im Jahre 1866, an dem Zeppelin als Hauptmann auf Seiten des eindeutigen Verlierers Habsburg kämpfte.

In mehreren Briefen an den Ersten Adjutanten beschwerte er sich über die Unfähigkeit der meisten württembergischen Befehlshaber – und schaffte sich auf diese Weise die ersten persönlichen Feinde.

Die Niederlage Österreichs und der verbündeten Länder sowie der Sieg Preußens wurde für viele liberale und national denkende Kreise in Süddeutschland zum Ausgangspunkt einer neuen Strategie in der Lösung der deutschen Frage.

Zeppelin schloß sich ihnen an und machte sich zu einem ihrer eifrigsten Fürsprecher. Da das württembergische Könighaus und

der Großteil der Hofkamarilla jedoch nach wie vor an der überlebten Vorstellung von einer Kleinstaaterei in Süddeutschland
festhielten, wurde Zeppelin in seiner Funktion als Adjutant des
Königs vor eine schwierige Entscheidung gestellt. Resigniert
schrieb er im Jahre 1868, also zwei Jahre nach dem Ende des
preußisch-österreichischen Krieges:

... Und dann beginnt mein Charakter Not zu leiden, wenn ich zu lange
noch in dieser Stellung verbleibe. Meine Freunde müssen glauben, ich sei
in meinen Grundsätzen schwankend geworden, wenn ich durch mein äus-
seres Leben gewissermaßen Ja zu tausend Dingen um mich herum sage, die
ich doch nicht billige. Endlich habe ich auch noch ein glühendes Streben in
mir, nützlich zu sein: Hier bin ich Nichts mehr; seit ich vergeblich Sturm
gelaufen, bin ich geistig tot. [4, S. 55/56]

Folgerichtig bat Zeppelin um Enthebung von seinem Posten als
Adjutant, die ihm vom König am 14. März 1868 gewährt wurde.
Er durfte zwar weiterhin Titel und Uniform eines königlichen
Adjutanten tragen, doch ein weiterer Aufstieg des ehrgeizigen
Grafen war vorerst ausgeschlossen. Zeppelin kehrte in seine
frühere Dienststellung, in den Generalquartiermeisterstab, zurück. Hier hoffte er, noch am ehesten für seine Ansichten Gehör
zu finden, denn um diese Zeit stand an der Spitze der württembergischen Armee Oberst Suckow, der zum bedeutendsten Vor-
kämpfer für den preußischen Einfluß in Württemberg und zum
eigentlichen Urheber des nach preußischem Vorbild verfaßten
neuen Wehrgesetzes wurde.
Um den preußischen Militarismus besser kennenzulernen, ließ
sich Zeppelin im April des Jahres 1868 für ein halbes Jahr nach
Berlin zum Königlich-Preußischen Generalstab abkommandie-
ren.
Dort fiel Zeppelin durch seine vielseitige Aufgeschlossenheit,
sein tiefes militärisches Verständnis sowie durch sein zurück-
haltendes Wesen auf. Der Chef des Generalstabes, Freiherr von
Moltke, äußerte sich z. B. gegenüber dem württembergischen
König in sehr lobender Weise über die Leistungen Zeppelins.
Zeppelin gefiel es offenbar in Berlin, denn statt nach dem halb-
jährigen Studium nach Württemberg zurückzukehren, übernahm
er eine Kommandostellung im 1. Garde-Dragoner Regiment in
Berlin.
Inzwischen versuchte der württembergische König, Zeppelin

9 Das jungvermählte
Paar Zeppelin

wieder mehr an seine Heimat zu binden, und bot ihm die Mentorenstellung über den künftigen Thronfolger, den 21jährigen Prinzen Wilhelm, an. Über ihn schrieb Zeppelin, nachdem er die Mentorenstelle angenommen hatte, an die Mutter des Prinzen wie folgt:

So denkt sich nun der gnädigste Herr, er werde einst die dargebotene Krone nicht annehmen. Aber eine andere Aufgabe im Leben hat er sich auch nicht an Stelle der ihm natürlich zufallenden gesetzt. Er strebt weder in der Wissenschaft noch in einer Kunst noch in irgend Etwas eine Leistung zu Nutz und Frommen der Menschen zu haben, sondern verhält sich rein negativ. Was Wunder nun, daß ihm alles langweilig und lästig ist. [4, S. 66]

In die Berliner Zeit fiel eine wichtige Entscheidung in Zeppelins Leben: Er heiratete am 7. August des Jahres 1869 die vermögende Adlige Isabella von Wolff aus dem Hause Altschwa-

10 Ferdinand Graf
von Zeppelin als
Flügeladjutant des
württembergischen
Königs im Jahre
1869

nenburg in Livland. Sie war die Cousine der Frau seines Bruders Eberhard. Über seine künftige Gattin, mit der er zeitlebens eine glückliche, harmonische Ehe führte und die ihn um 4 Jahre überlebte, schrieb er damals wie folgt seinem Vater:

Ein äußerst einfacher, dabei von aller Spießbürgerlichkeit freier Sinn, frische Auffassung, Nettigkeit der Gedanken, Mut und Ausdauer in Ertragung von Leiden, ein heiteres, freundliches Wesen, Eifer und Erfahrung in der Hauswirtschaft, eine Gesamterscheinung ,hübsch wie ein Reh', machen mir das Mädchen für mich höchst reizend, lassen mich glauben, daß es eine tüchtige, brave Frau für mich abgeben würde, mit der ich glücklich werden könnte. [4, S. 73]

Zehn Jahre später, am 28. 11. 1879 wurde Zeppelins einziges Kind, Helene, meist nur kurz Hella gerufen, geboren, die am 19. Februar 1909 Alexander Graf von Brandenstein heiratete, aus deren Ehe fünf Kinder, davon zwei Jungen, hervorgingen.

Es sei hier noch erwähnt, daß am Tage ihrer Hochzeit der württembergische König der Familie des Grafen Brandenstein nach dem Gesetz der Primogenitur das Recht verlieh, ihre männlichen Abkömmlinge mit dem Doppelnamen Brandenstein-Zeppelin zu versehen.

Wie bereits betont, fand Zeppelin in der Mentorentätigkeit über den künftigen württembergischen „Landesvater" wenig Beglückung, und so entsprach es durchaus seinen Hoffnungen, als er kurz darauf in den Generalquartiermeisterstab nach Stuttgart abberufen wurde.

Um diese Zeit hatte sich das Verhältnis zwischen Frankreich und Preußen erheblich zugespitzt, und ein Krieg zwischen beiden Ländern zur Lösung der Spannungen schien unausweichlich. Deshalb wurde in beiden Staaten die Mobilmachung verkündet. Auch die anderen deutschen Staaten machten mobil. Graf Zeppelin wurde als Hauptmann dem Stab der württembergischen Kavalleriebrigade zugeteilt, in der übrigens nach wie vor eine starke antipreußische Grundhaltung herrschte, die sich bei einem Großteil der Offiziere und Soldaten erst im Gefolge der nationalistischen Euphorie, die die ersten siegreichen Schlachten mit dem Gegner auslöste, änderte.

Der historische Zufall wollte es, daß gerade Zeppelin für das erste Aufsehen auf beiden Seiten der Front sorgte.

Noch vor dem Ausbruch der offiziellen Kriegshandlungen, am 23. Juli 1870, erhielt Hauptmann Graf von Zeppelin vom badischen Generalstabschef Oberstleutnant von Lascinsky den Auftrag, zu erkunden, wo sich die 3. Division des feindlichen Mac Mahonschen 1. Korps befand und ob sich diese zu einem Angriff gegen die deutsche Stellung rüstete.

Am Morgen des 24. Juli ritt Zeppelin mit vier weiteren Offizieren und sieben Dragonern los. In einem wagehalsigen Ritt, der allerdings nicht unwesentlich durch das unaufmerksame und unentschlossene Handeln der französischen Wachtposten begünstigt wurde, erfüllte Zeppelin bereits am ersten Tag seinen Auftrag. Daraufhin schickte er einen Offizier mit zwei Dragonern zur Berichterstattung zurück. Zeppelin hat sich nie geäußert, warum er entgegen der Ansicht der ihm unterstellten Offiziere einen weiteren Tag im „Feindesland" blieb.

Die französische Seite reagierte auf diese Provokation prompt.

Auf dem Schirlenhof, einem Bauernhof, wo sich die kleine Truppe um Zeppelin ahnungslos aufhielt, kam es zu einem kurzen Gemetzel. Es gab auf der deutschen Seite Gefangene und Tote, nur Zeppelin konnte entkommen und sich in einer abenteuerlichen Flucht zu seinem Quartier durchschlagen, wo man ihm allerdings keinen guten Empfang bereitete.

Alle Beteiligten des Schirlenhofrittes erhielten das Eiserne Kreuz – nur Zeppelin ging leer aus.

Leider ist in Zeppelins Tagebuchaufzeichnungen und auch in seinen erhalten gebliebenen Briefen nicht nachweisbar, ob er sich nach seinem wagemutigen Erkundungsritt nicht die Frage vorlegte, ob an dessen Stelle ein Erkundungsflug in einem Ballon viel effektiver gewesen wäre. Diese Überlegung wäre auf Grund seiner Erfahrungen in Amerika durchaus möglich gewesen. Öffentlich konnte er diesen Gedanken damals in Deutschland nicht äußern, weil etwas Derartiges als Phantasterei abgetan worden wäre. Aber schon kurze Zeit später, noch während des Krieges, wurde Zeppelin mit den Fragen der Ballon- und Luftschifftechnik unmittelbar konfrontiert, und sie ließen ihn nun nicht mehr los.

Als das deutsche Heer den Ring um Paris am 19. September 1870 geschlossen hatte, entstand für die junge Republik eine außerordentlich kritische Situation. In Paris bedrängten daraufhin einige berühmte Ballonfahrer, wie die Brüder Tissandier, Generalpostmeister Rampourt, die Verbindung nach der Provinz mit Ballons wieder aufzunehmen.

Schon am 23. September stieg daraufhin von der Place Saint-Pierre auf dem Montmartre der erste bemannte Ballon auf. Der berühmteste Ballonaufstieg fand wohl am 7. Oktober 1870 statt. An Bord war Ministerpräsident Gambetta, der später die französische Luftschiffahrt maßgeblich förderte. Insgesamt verließen während der Belagerung 66 Ballons mit weit über einhundert Passagieren, 368 Brieftauben und 5 Hunden an Bord Paris.

Der Einsatz der Ballons als Transportmittel für Personen und Nachrichten war für Zeppelin neu. Bisher kannte er deren Verwendung lediglich als Beobachtungsmittel. Aber Zeppelin nahm aus dem deutsch-französischen Krieg nicht nur diesen neuen Eindruck mit. Wichtiger für sein späteres Schaffen als Luftschiffbauer war wohl die offen gebliebene Frage, wie man lenkbare Ballons bauen könnte, denn es gelangte kein einziger Ballon von

11 Ferdinand Graf
von Zeppelin als
Württembergischer
Gesandter in der
Hauptstadt des
kaiserlichen Deutsch-
lands, Berlin 1887

außen in die Stadt, und alle Ballons waren den Launen des Windes schutzlos ausgeliefert.
Anders war die Situation auf französischer Seite. Hier führten
derartige Gedanken – artikuliert von verschiedenen Militärs und
dem bereits erwähnten Generalpostmeister Rampourt – zu einer
Neubesinnung auf die Möglichkeiten der Luftfahrt. Sie leiteten
damit in den Jahren bis 1890 eine neue Etappe in der Geschichte
der bemannten Luftfahrt ein. Sie brachte solche berühmten Luft-
schiffkonstrukteure wie de Lôme, die Brüder Tissandier und vor
allem die beiden Hauptleute Krebs und Renard hervor.
Für Zeppelin bedeutete die Periode von 1871 bis 1890 den Höhepunkt und das abrupte Ende seiner militärischen und diplomatischen Laufbahn.
Er nahm nach dem Kriegsende zunächst wieder Dienst im würt-

tembergischen Generalquartiermeisterstab auf. Nach einem halben Jahr wurde er zum 15. Schleswig-Holsteinischen Ulanenregiment nach Straßburg verlegt und in dieser Dienststellung zum Major befördert. Von 1874 bis 1882 tat er Dienst in der württembergischen Armee, in der er es mittlerweile sogar bis zum Kommandeur eines Ulanenregimentes gebracht hatte.

In den weiteren Jahren bis 1890 begegnen wir Zeppelin in zwei unterschiedlichen diplomatischen Funktionen in Berlin: 1885 als Militärbevollmächtigter und 1887 als offizieller Gesandter Württembergs.

Das Jahr 1890 bildete für Deutschland, für Bismarck und für Zeppelin eine entscheidende Zäsur. Die extrem militärischen Kreise in Deutschland, die sich insbesondere um den Chef des preußischen Generalstabes v. Waldersee scharten, versuchten, den im Kampf gegen die Arbeiterklasse mit dem Sozialistengesetz gescheiterten Reichskanzler Bismarck zu entmachten, um ihre eigenen aggressiven politischen Ziele in Deutschland durchzusetzen. Hinter ihnen standen reaktionäre Junker und der rechte Flügel des protestantischen und katholischen Klerus. Ihr außenpolitisches Ziel war weniger die Sicherung und der weitere wirtschaftliche Ausbau Deutschlands als vielmehr das Durchpeitschen ihrer imperialistischen Politik um jeden Preis.

Das Schicksal Bismarcks war besiegelt, als der junge Kaiser Wilhelm II. die Macht übernahm. Bismarck wurde für die innenpolitischen Spannungen in Preußen verantwortlich gemacht, und er mußte am 20. März abdanken.

Ferdinand von Zeppelin galt als Anhänger der Bismarckschen Deutschlandpolitik. Als jener abtreten mußte, war auch die politische Karriere Zeppelins zu Ende. Beide traten sich am 12. Januar 1890 anläßlich des Abschiedsbesuches Zeppelins als württembergischer Gesandter gegenüber. Sie spürten offenbar gleichermaßen das Ende ihrer politischen Laufbahn, denn tiefe Resignation sprach aus ihren Abschiedsworten.

Zeppelins Wunsch, eine württembergische Brigade als Kommandeur zu übernehmen, konnte nicht entsprochen werden, weil „gerade keine verfügbar" sei. Am Königshof wollte man ihn auch nicht mehr aufnehmen. Deshalb blieb Zeppelin noch eine Weile in Berlin, in der Hoffnung, eine preußische Kavalleriebrigade zu bekommen. Doch auch diese wurde ihm unter fadenscheinigen und leicht durchschaubaren Gründen verweigert. In der Zwischenzeit verfaßte er eine Denkschrift, in der er gegen die Bevormundung der württembergischen Armee durch preußische Oberbefehlshaber polemisierte.

Damit überschritt er allerdings erheblich die Toleranzgrenzen, die man ihm auf Grund seiner aristokratischen Herkunft und der Verdienste auf militärischem und diplomatischem Gebiet bisher gewährte. Die Gegner Zeppelins sowohl auf württembergischer als auch auf preußischer Seite benutzten die Denkschrift als Anlaß, um ihn endgültig zu stürzen.

Zeppelin hingegen hatte seine Gedanken aus innerster Überzeugung geschrieben und weigerte sich kompromißlos, irgendwelche Änderungen am Inhalt der Denkschrift vorzunehmen.

Zeppelins Sturheit und das sich ständig verschärfende Intrigenspiel am kaiserlichen Hof ließen keinen anderen Ausweg aus dieser Situation zu, als Zeppelin in den Ruhestand zu schicken. Er war gerade 52 Jahre alt, als er zwischen Weihnacht und Neujahr den Abschiedsbrief überreicht bekam, nachdem man Ferdinand Graf von Zeppelin kurz zuvor zum Generalleutnant befördert hatte.

Ferdinand von Zeppelin – ein Pionier der internationalen Luftschiffahrt

Eine Idee gewinnt Gestalt (1874–1890)

Der Beleg, wann sich Ferdinand Graf von Zeppelin das erstemal mit Problemen der Luftschiffahrt beschäftigte und sie aufschrieb, ist die Seite fünf in seinem Tagebuch und trägt das Datum vom 25. März 1874. Dort lesen wir:

Das Fahrzeug (gemeint ist das Luftschiff – M. B.) würde auf die Dimensionen eines großen Schiffes auszurechnen sein. Die Gasräume so berechnet, daß das Fahrzeug bis auf ein geringes Übergewicht getragen wird. Die Erhebung wird dann erreicht durch das Angehen der Maschine, welches das Fahrzeug gewissermaßen auf die nach aufwärts gestellten Flügel treibt. In der gewollten Höhe angelangt, werden die Flügel weniger steil gestellt, so daß das Luftschiff in der horizontalen Ebene bleibt. Zum Sinken stellt man die Flügel noch weniger steil, oder läßt die Geschwindigkeit abnehmen . . .
Die Gasräume sollten womöglich in Zellen geteilt sein, welche einzeln gefüllt und geleert werden können. Die Maschine muß das Gas stets ergänzen können . . .

Anlaß für diese Eintragung war eine von Zeppelin gelesene Denkschrift des preußischen Generalpostmeisters Stephan über „Weltpost und Luftschiffahrt" aus dem Jahre 1874. In ihr behauptete Stephan: „Der Luftverkehr ist die idealste Möglichkeit zur schnellen Postbeförderung." [43] Detaillierte Angaben über die technische Lösung dieses Problems konnte er freilich nicht geben. Statt dessen prophezeite er:

. . . aber aus physiologischen Gründen müssen wir wohl davon Abstand nehmen (gemeint ist die Luftschiffahrt – M. B.) . . . (denn) bei einer solchen Geschwindigkeit würden wir zweifellos ersticken. [43]

Es war sicherlich kein Zufall, daß die Ideen Stephans gerade in Zeppelin, der zu jener Zeit ein Kommando in einem Ulmer Dragonerregiment innehatte, auf so fruchtbaren Boden fielen. Allein schon die Tatsache, daß Zeppelin das weit vorausschauende Anliegen Stephans begriff und sich mit ihm beschäftigte, spricht dafür, daß er sich schon bedeutend eher als 1874 mit dem Problem des lenkbaren Luftschiffes befaßt haben mußte.
Mögliche Anlässe, die für diese Vermutung sprechen, könnten die

12 Eine Seite aus dem Tagebuch des Grafen Zeppelin

Teilnahme Zeppelins an Ballonflügen in den USA, die selbstkritische Auseinandersetzung mit dem Ausgang des Schirlenhofrittes sowie die Beobachtung des Ballonverkehrs während der Belagerung von Paris gewesen sein.

Die Frage, warum sich dann aber Zeppelin nicht schon früher mit Gedanken über die Luftschiffahrt äußerte, mag wohl damit zu begründen sein, daß es sich unter den konkreten Bedingungen, unter denen Zeppelin als württembergischer Kavallerist Dienst tat, nicht geziemt hätte. Diesen Zusammenhang brachte Zeppelin in einem Brief an den preußischen Generalstabschef General von Schlieffen im Jahre 1891, als er sich von diesen Zwängen befreit sah, deutlich zum Ausdruck, als er schrieb:

Eure Exzellenz erinnern sich vielleicht eines Gespräches anläßlich eines gemeinsamen Morgenrittes im Tiergarten über lenkbare Luftfahrzeuge. Ich wollte damals meinen Gedanken darüber einen Versuch nicht folgen lassen, weil mir die Zeit zur Bearbeitung fehlte und weil es mir störend gewesen wäre, auch nur vorübergehend für einen Kandidaten des Irrenhauses angesehen zu werden. Jetzt, wo ich nicht Besseres mehr wirken darf und die Meinung der Menschen nur meiner Person, aber keinem Beruf, in dem ich mich befinde, mehr schaden kann, habe ich jene Gedanken wieder aufgenommen und ihnen – vorläufig noch in der Zeichnung – Gestalt gegeben. [21, S. 22]

In den Tagebuchaufzeichnungen Zeppelins über das Luftschiff aus dem Jahre 1874 sind vor allem zwei Aspekte erwähnenswert. Erstens plante er, zu jener Zeit Luftschiffe vor allem für den zivilen Sektor einzusetzen. Zeppelin verließ damit den Raum seiner damaligen eigenen Erfahrung mit Ballons im Krieg. Erst viel später und unter dem Zwang, sich kapitalkräftige Verbündete für sein kostspieliges Projekt zu suchen, konzipierte er den militärischen Einsatz seiner Luftschiffe.

Zweitens gelang es Zeppelin, in seiner damaligen kurzen Niederschrift alle wesentlichen Elemente seiner künftigen Luftschiffe zu erfassen: Größe, starres Gerippe aus Ringen und Längsträgern und dynamisches Fahrverhalten. Dr. Ludwig Dürr, einer der engsten Mitarbeiter des Grafen und langjähriger Chefkonstrukteur des Zeppelin-Unternehmens, würdigte dieses Verdienst im Jahre 1936 folgendermaßen:

Das Genie des Grafen Zeppelin war so groß, daß er bereits in seinem ersten Entwurf die Idee in ihren Grundzügen so voll erfaßt hatte, daß es uns, den späteren Erbauern der Zeppeline, nicht möglich war, Grundsätzliches zu ändern. Wir konnten nur verbessern und ausfeilen. [21, S. 17]

Zeppelin plante damals ein Luftschiff, das zwanzig Fahrgästen Platz bot und dessen Ballon ein Volumen von 20 000 m³ umfassen sollte – ein für die damalige Zeit wahrhaft gigantisches und phantastisches Projekt!

In den Jahren nach 1874, als Zeppelin aus dienstlichen und familiären Gründen oft seinen Aufenthaltsort wechseln mußte, verhältnismäßig rasch vom Major zum Oberstleutnant (1879), zum Regimentskommandeur (1882), zum Oberst (1884) und zum Generalmajor (1888) befördert wurde und auf diplomatischem Gebiet als Württembergischer Bevollmächtigter in Berlin (1885), Außerordentlicher Württembergischer Gesandter und bevollmächtigter Minister beim Bundesrat in Berlin (1887) tätig war, blieb ihm sicherlich wenig Zeit für die Vervollkommnung seines Luftschiffsprojektes, wie er im zitierten Brief an Schlieffen bekannte. Dennoch findet man in seinem Tagebuch, allerdings sehr unsystematisch, einige Notizen, die uns zeigen, wie fest sich der Gedanke der Luftschiffahrt in Zeppelin verwurzelt hatte und wie zäh er sich mit ihm auseinandersetzte. Einige Auszüge mögen das verdeutlichen:

4. 4. 1875:
Auf eine nicht unwesentliche Änderung in der Verkehrsweise durch die Luftschiffahrt möchte ich im voraus aufmerksam machen. Die Beschaffungskosten der Fahrzeuge werden zwar groß sein, dagegen die Unterhaltungskosten und Betriebskosten sehr unbedeutend. Es wird also anfangs die Luftschiffahrt teils Luxusvergnügen sein, teils nur dort eingeführt werden, wo für den Erd- resp. Wasserverkehr besondere Schwierigkeiten zwischen zwei Punkten liegen, die einer leichten, sicheren und schnellen Verbindung fortwährend bedürfen (Luftfähren). [4, S. 105]

29. 11. 1877:
Sollte nicht die Steigung und Senkung des Luftschiffes sich durch zwei Schrauben mit vertikaler Achse bewirken lassen? Dann würden die Flügel (zum dynamischen Fahren) wegfallen. [4, S. 105]

9. 6. 1878:
Ballonhüllen aus chinesischer Rohseide, sehr leicht und durch einen Firnisanstrich fast buchstäblich undurchdringlich für Gas. [4, S. 106]

Das Jahr 1884 bildete, wie bereits an anderer Stelle hervorgehoben, einen Höhepunkt in der Geschichte der bemannten Luftfahrt. Nachdem die zwei französischen Hauptleute Krebs und Renard über zwei Monate auf günstiges Wetter gewartet hatten, wagten sie am 9. August gegen 16.00 Uhr bei Chalais-Meudon bei Paris den ersten Aufstieg mit dem im Auftrag des Kriegsministeriums gebauten Luftschiff „La France". Sie hielten sich etwa 23 Minuten in der Luft, legten dabei fast acht Kilometer zurück und – was das Bedeutendste war – kehrten an ihren Aufstiegsort zurück, wo sie glücklich landeten.
Zeppelin nahm später diese spektakulären Fahrten der „La France" immer wieder zum Anlaß, für seine Luftschiffidee unter militärischer Sicht zu werben. In seinem Tagebuch finden wir nun auch die ersten Hinweise für Überlegungen Zeppelins, sein Luftschiff für Kriegszwecke zu verwenden. Die erste Andeutung dafür ist unter Oktober 1886 datiert. Sie lautete:

Bei Luftschiffverbindung mit Nationen in Innerafrika oder auch für Verpflegung vorgeschrittener Heere könnten Luftschlepperschiffe bei günstigem Wind verwendet werden. [4, S. 106]

Hugo Eckener charakterisierte diesen Zusammenhang am Vorabend des 2. Weltkrieges folgendermaßen:

Dieser Gedanke, daß der Lenkballon ein sehr wichtiges Instrument der künftigen Kriegsführung werden würde und daß deshalb Deutschland keine Anstrengungen scheuen dürfe, sich seinen Nachbarn in dieser Beziehung überlegen zu machen, beginnt den Grafen von nun an mehr und mehr zu beherrschen, und er ist es, der ihn treibt, seine ... Kräfte auf die Konstruktion eines Luftschiffes zu richten, das allen militärischen Anforderungen genügen sollte. [4, S. 107]

Zeppelin meinte, nun nicht länger warten zu können, um die Öffentlichkeit auf sein Luftschiffprojekt aufmerksam zu machen. Im Frühjahr 1887 verfaßte er daraufhin eine umfangreiche Denkschrift an seinen König, in der er – ausgehend von den Erfolgen des Luftschiffes „La France" – die Notwendigkeit ableitete, den Luftschiffbau in Deutschland stärker als bisher zu fördern. Doch Zeppelin stieß beim König auf ebensoviel Unverständnis wie bei zahlreichen anderen Stellen, an die er sich in den nächsten Jahren wandte. Die vermeintlichen „Fachleute" unter den Ballonspezialisten, die er um Rat und Unterstützung bat, brachten ihm meist jenes verletzende Mißtrauen und beleidigenden Hochmut entgegen, mit denen Außenseiter gewöhnlich in solchem Kreise behandelt wurden.
Zeppelin mußte in jenen Jahren die bittere Erfahrung machen, daß für ihn eine Mitarbeit an der Lösung des Luftschiffproblems ausgeschlossen war, solange er in militärischem und diplomatischem Dienst stand und er keine wissenschaftliche oder technische Autorität an seiner Seite hatte.
Aus diesem Grunde mag ihn wohl die unfreiwillige Entlassung aus dem Staatsdienst im Jahre 1890 weniger hart getroffen haben, ahnte er doch schon lange vorher, daß er damit nur die Fesseln verlor, die ihn an der Erfüllung seines Lebenswerkes hinderten.

Von der Projektierung zum Bau und Start des ersten Luftschiffes „Zeppelin" am 2. Juli 1900

Als Ferdinand Graf von Zeppelin gegen Ende der achtziger Jahre des vorigen Jahrhunderts – als er noch im militärischen und diplomatischen Dienst des württembergischen Königs stand – an die Umsetzung seiner revolutionären luftfahrttechnischen Ideen ging, mußte er die für ihn schmerzliche Feststellung machen, daß er bei allen seinen Bemühungen auf unüberwindbare Grenzen stieß.

Das Haupthemmnis bildeten für Zeppelin bestimmte gesellschaftliche Bedingungen, z. B. das Berufsethos eines Kavallerieoffiziers und Diplomaten und die allgemein verbreitete Überzeugung, wonach der Bau von lenkbaren Luftschiffen zum gegenwärtigen Zeitpunkt in das Reich der Träume gehöre. Zum anderen geriet sein bisheriger Arbeitsstil – er war ein ausgesprochener Einzelkämpfer und Autodidakt – mehr und mehr in Widerspruch zu der lawinenartig wachsenden Zahl technischer und wissenschaftlicher Detailprobleme, die im Zusammenhang mit der Realisierung des starren Luftschiffes standen.

Aus diesen und weiteren Gründen ist es aus heutiger Sicht nur allzu verständlich, daß die Verwirklichung der bahnbrechenden Ideen Zeppelins um jene Zeit in eine tiefe Krise geriet, aus deren Sog nur glückliche äußere Umstände und besondere Persönlichkeitseigenschaften des Erfinders wie Ausdauer, Zielstrebigkeit und ein ausgezeichnetes Organisationstalent führen konnten. Ein solcher äußerer Zufall war die unfreiwillige Entlassung aus dem Staatsdienst im Jahre 1890, die über Nacht aus dem „unseriösen Offizier und Diplomaten" einen freischaffenden Erfinder machte. Als außerordentlich günstig sollten sich in der Folgezeit der gewaltige materielle Reichtum und die jahrzehntelangen guten Beziehungen der Familie Zeppelin zum württembergischen Königshaus erweisen, die den Erfinder später mehr als einmal vor der Aufgabe seines Zieles bewahrten.

Ferdinand Graf von Zeppelin versuchte in dieser zweifellos schwierigen Situation auf die verschiedenste Art und Weise Verbündete und Auftraggeber für sein gigantisches finanzielles und technisches Luftschiffunternehmen zu gewinnen. Sein Vorgehen zeigte politischen Weitblick und taktisches Geschick. Seine bevorzugten Adressaten waren das württembergische Königshaus, das preußische Kriegsministerium, verschiedene industrielle Kreise, berühmte Ballonpiloten und anerkannte Wissenschaftler auf den Gebieten der Meteorologie und Statik sowie die preußische Luftschifferabteilung.

Doch zu Zeppelins großer Enttäuschung blieb die positive Resonanz auf seine zahlreichen Gesuche, Bitt- und Denkschriften zu Beginn der neunziger Jahre des vergangenen Jahrhunderts weit hinter seinen hochgeschraubten Erwartungen zurück. Lediglich die Daimler-Motorenwerke, die schon einige Erfahrungen im Automobilbau aufweisen konnten, zeigten an seinem Projekt ein gewisses Interesse. Vor allem Duttenhofer, einer der einflußreichsten Aktionäre dieses Unternehmens, hoffte auf ein neues Einsatzgebiet für die Motoren. Gleichzeitig war er sich aber des Risikos bewußt, das er einging, falls er sich mit dem „verrückten Reitergeneral" im Luftschiffbau einließ. Deshalb wählte er den Kompromiß als Ausweg, indem er zwar einen seiner Mitarbeiter, Theodor Groß, dem Grafen an die Seite stellte, diesen aber vorher vor allzu riskanten finanziellen Experimenten mit dem Luftschiff warnte. Ingenieur Groß ging daraufhin mit viel Sachkenntnis und anfangs auch Engagement an seine neue Tätigkeit. Sein wichtigster Auftrag bestand darin, exakt die Schwebefähigkeit des starren Luftschiffes nachzuweisen und gleichzeitig die Grenzbedingungen zu berechnen, die das Luftschiff bei einer Landung vor dem Zerbrechen bewahrt. Leider ebbte Groß' Enthusiasmus schnell ab. Offenbar war er dieser Aufgabe auch nicht gewachsen. Und als es nach Ansicht Zeppelins im Juli 1891 wieder einmal zu langsam voranging, teilte Zeppelin Duttenhofer folgendes mit:

Bei dem Vorurteil, welches naturgemäß gegen mich als Laien besteht, ist es um so notwendiger, daß der für mich arbeitende Techniker mir fördernd zur Seite stünde, anstatt, wie Herr Groß häufig, eher ein Hemmnis für mich zu sein. Auch habe ich mich von Anfang an noch nach einem jüngeren Mann umgesehen, der tüchtig und bereit wäre, sich mit mir in das Einschlägige einzuleben. [4, S. 118/119]

An eine weitere gedeihliche Zusammenarbeit zwischen Zeppelin und Groß war unter diesen Umständen nicht mehr zu denken, und es kam zum Bruch zwischen beiden.
Inzwischen hatte Zeppelin auch mit anderen industriellen Kreisen, z. B. der Augsburger Ballonfabrik Riedinger, den Mannesmann-Röhren-Werken und einer englischen Spezialfirma für Ventilatoren, Verbindung aufgenommen. Beharrlich arbeitete er an speziellen technischen Problemen seines starren Luftschiffes weiter. Solche Probleme waren die Überprüfung verschiedener Materialien für das Geripe, die Außenhülle und die Gaszellen, die Auswahl der Motoren nach Gewicht sowie Betriebs- und Kühlmittelverbrauch, die Geometrie der Propeller und die chemische Untersuchung über die Reinheit des Traggases Wasserstoff.

Die Ballonfirma Riedinger verhielt sich gegenüber Zeppelin ähnlich wie vordem die Daimler-Werke. Auf der einen Seite erhoffte sie sich von der Luftfahrt neue Gewinne für das Unternehmen, aber auf der anderen Seite versäumte sie es nicht, ihre Vorbehalte gegen die Luftschiffahrt deutlich geltend zu machen. Hierbei stützte sie sich auf gleichlautende Bedenken der berühmten Ballonpiloten v. Sigsfeld und v. Parseval, die zu diesem Zeitpunkt gegenüber Zeppelin die Meinung vertraten, daß es eher möglich sei, ein Flugzeug zu konstruieren als ein starres Luftschiff. In langwierigen Verhandlungen zwischen Zeppelin und der Firma Riedinger wurde der dort angestellte 27jährige, äußerst begabte Ingenieur Kober beauftragt, das Zeppelinsche Konzept eines starren Luftschiffes erneut zu überarbeiten.

Die Zusammenarbeit zwischen Zeppelin und Kober begann am 1. Mai 1892 und bedeutete für die Entwicklung des starren Luftschiffes eine wichtige Etappe. In Kober hatte Zeppelin jenen Mitarbeiter gefunden, der seiner Idee fachgerecht in Zeichnungen, Begriffen und Berechnungen Gestalt gab.

Über ein Jahr saßen Kober und Zeppelin an dem Projekt. Kober entwickelte einen beispielhaften Arbeitseifer, und ihm gelangen einige glänzende ingenieurtechnische Lösungsvarianten für das Luftschiff. In dankbarer Anerkennung der Leistungen Kobers und aus Anlaß seiner 20jährigen Mitarbeit am Zeppelin-Projekt schrieb der Graf am 28. Februar 1912 an Kober:

Sie sind es gewesen, der nach meinen Angaben das erste starre Luftschiff durchgerechnet und entworfen hat ... Das darf Ihnen die Geschichte der Luftfahrt niemals vergessen. [38]

Beide führten an der Königlichen Materialprüfanstalt in Stuttgart hunderte Experimente aus, um zu bestimmten Festigkeitsaussagen über die Gitterkonstruktion zu gelangen. Im Frühjahr 1893 nahm Zeppelin Verbindung mit dem Schweizer Ballonpiloten Spelterini auf und unternahm mit ihm in Luzern eine Freiballonfahrt, um neue meteorologische Kenntnisse zu gewinnen, die er gegebenenfalls für die Steuerung seines künftigen Luftschiffes verwerten wollte. Zeppelin ging es dabei vor allem um die Abhängigkeit des Auftriebes von der Außentemperatur sowie vom Luftdruck, die beide bekanntlich mit zunehmender Höhe abnehmen. Ihm waren auch die konkreten Windverhältnisse über dem Bodensee, von wo aus er seine Luftschiffe starten lassen wollte, noch unbekannt.

Nachdem nach Meinung von Kober und Zeppelin die wichtigsten technischen Probleme ausreichend gelöst waren, schickte Zeppelin alle Unterlagen an die preußische Militärverwaltung mit der Aufforderung, diese zu prüfen. Er erwartete von dort schnellen und positiven Bescheid und die Aussicht auf einen Auftraggeber für das Luftschiff.

Doch mußte zuerst eine Sachverständigenkommission gegründet werden, weil die Vorstellung eines starren Luftschiffes alles bisher Dagewesene auf dem weiten Feld der Luftfahrt überschritt. Schon die Auswahl der Mitglieder einer solchen Kommission benötigte viel Zeit. Da waren Sachverständige auf dem Gebiet der Statik zu befragen, die die Festigkeit des Luftschiffes gegen Windströmungen und vor allem beim „harten Landen" prüfen mußten. Aber auch Meteorologen, Ballistiker und Ballonpiloten sollten sich äußern können. Und nicht zuletzt forderte die Militärverwaltung ein Urteil über die militärische Verwendbarkeit eines starren Luftschiffes.

Für Zeppelin dauerten jedoch die Vorbereitungen, die die Sachverständigen in Anspruch nahmen, viel zu lange. Deshalb wandte er sich kurzerhand an seinen König, damit dieser sich für ihn beim Kaiser einsetzen möge, was auch geschah, worauf der Kaiser Zeppelin mit den Worten zu trösten versuchte: „Sie werden von mir hören!" Aber erst am 4. November 1893 teilte ihm das Kriegsministerium mit, sein Entwurf eines lenkbaren Luftschiffes würde von einer Kommission unter Zuziehung der preußischen Luftschifferabteilung und von wissenschaftlichen Autoritäten auf den Gebieten der Meteorologie und der Statik geprüft werden.

Wiederum verstrichen Monate.

Am 10. März des darauffolgenden Jahres kam endlich die Kommission in Berlin zusammen. Den Vorsitz führte auf persönlichen Wunsch des Grafen der hochbetagte Prof. Helmholtz, der – das wußte Zeppelin – der Luftschiffidee bisher skeptisch gegenüberstand. Ihm zur Seite befanden sich die Wissenschaftler Slaby, Müller-Breslau und Aßmann sowie von der preußischen Luftschifferabteilung drei Offiziere, die allesamt erfahrene Ballonpiloten waren.

Obwohl die einen aus Gründen der mangelnden Statik und die anderen aus Gründen der Lenkbarkeit des Luftschiffes dem starren Typ voreingenommen gegenüberstanden, stimmte die Kommission jedoch am Ende ihrer Sitzung einer von Helmholtz gemachten Formulierung zu, „daß die ihr (der Kommission – M. B.) vorgelegten Pläne sehr beachtenswert und nicht unausführbar erscheinen und daß sie deshalb dem Kgl. Kriegsministerium die Schritte zur Sicherung der Erfindung für das Reich anheimstelle". [4, S. 126/127] Aber das Kriegsministerium hielt sich zurück und versicherte, erst dann zuzugreifen, wenn sich die Sachverständigen noch eindeutiger zugunsten des starren Typs einsetzten. Vor allem die kritischen Bemerkungen des anerkannten Statikers Müller-Breslau waren es, die die Kommission gegen das Zeppelin-Projekt ins Feld führte und die weder er noch Kober zufriedenstellend entkräften konnten. Statt dessen machte Zeppelin vage Versprechungen und bat nach einiger Zeit um eine erneute Sitzung der Kommission, die für den 14. Juli 1894 einberufen wurde. Im Ergebnis dieser zweiten Sitzung wurde das starre Luftschiff des Grafen endgültig abgelehnt, weil die zu erwartende Stabilität des Gerippes nach wie vor als nicht ausreichend erschien, um sicher landen zu können.

Mit dieser abschlägigen Antwort aus Berlin stand Zeppelin freilich so ziemlich am Ende seiner noch gar nicht richtig begonnenen Luftschiffbauerlaufbahn, denn die erhofften und notwendigen großen finanziellen Zuschüsse für die Weiterführung seines Projektes blieben daraufhin verständlicherweise vorerst aus.

Doch ein Mann wie Zeppelin gab auch in dieser schier ausweglosen Situation nicht auf. Dank des unerbittlichen Drängens des Grafen wiederum abgelehnt, weil die zu erwartende Stabilität zu einer weiteren Sitzung zusammen. Voller Erwartung fieberte Zeppelin dem neuen Termin entgegen, denn gemeinsam mit Kober hatte er sich gründlich auf die Verhandlungen vorbereitet.

Noch in die Vorbereitungsphase auf die erneute Verhandlungsrunde fiel der Tod von Prof. Helmholtz. Das hielt Zeppelin für ein schlechtes Omen, und tatsächlich wurde der Entwurf zum wiederholten Mal und diesmal endgültig abgelehnt. Man stützte sich in der Begründung dafür wiederum auf die kritischen Hinweise der Statiker und wucherte auch mit den zu erwartenden riesigen Baukosten, die in keinem Verhältnis zu den möglichen Einsatzbereichen standen. Als „Entschädigung" für die bisherigen Ausgaben erhielt Zeppelin, auf Geheiß des Kaisers, sechstausend Mark, eine vergleichsweise lächerliche Summe.

Ein erneuter Zufall, der allerdings dem Tüchtigen oft beisteht, brachte das Zeppelinprojekt jedoch wieder in Schwung. Der von der Firma Krupp in Essen beauftragte Ingenieur Groß (ein Namensvetter jenes Ingenieurs der Daimler-Werke) rechnete noch einmal alle Unterlagen des starren Luftschiffs durch. Groß war eine Autorität unter den Ballistikern, und sein Urteil galt in diesen Kreisen viel. Zu den statischen Problemen konnte er zwar auch keine neuen Argumente finden, aber seine Berechnungen über die zu erwartende Höchstgeschwindigkeit des Luftschiffes schlugen wie eine Bombe ein: zwölf Meter pro Sekunde! Selbst Zeppelin war von dieser Geschwindigkeit überrascht, die mehr als doppelt so hoch war als die von der Sachverständigenkommission vorausberechnete.

Der entscheidende Durchbruch des Zeppelinprojektes gelang 1896 durch Unterstützung des Württembergischen Bezirksvereins deutscher Ingenieure.

Zeppelin wurde 1896 Mitglied des Vereins deutscher Ingenieure (VdI), obwohl er weder Ingenieur war noch über eine Technikerpraxis verfügte. Es waren vor allem die Stuttgarter Professoren für das Maschineningenieurswesen Adolf Ernst und Carl von Bach, die dem Grafen den Zugang zu dieser elitären Ingenieursorganisation vermittelten.

Zeppelin hielt seine Antrittsrede vor dem Württembergischen Bezirksverein deutscher Ingenieure am 6. Februar 1896 im Beisein des württembergischen Königs sowie weiterer über 400 geladener staatlicher und militärischer Würdenträger. Er referierte über „Entwürfe für lenkbare Luftfahrzeuge". [31, S. 410 f.] Man mag Zeppelin mit Recht eine überdurchschnittliche technische Bildung absprechen, aber daß er ein umfangreiches Wissen über alles, was die Luftschiffahrt betraf, besaß, wie nur wenige zu seiner Zeit, beweisen dieser Vortrag und die dazugehörigen Diskussionsbeiträge. Sein Auftritt vor dem VdI blieb nicht ohne Wirkung. Auf Bitten Zeppelins wurde eine Sachverständigenkommission des VdI gebildet, der anerkannte und einflußreiche Technikwissenschaftler angehörten. Unter ihnen waren Müller-Breslau, Peters, Bach, Slaby, Busley, Linde und Finsterwalder.

Am 25. Oktober 1896 einigte sich die VDI-Kommission auf ein abschließendes Urteil, in dem die technische Durchführbarkeit des Zeppelinprojektes grundsätzlich bejaht wurde.

Es gehört zum historischen Verdienst des VDI, daß er es nicht
bei dieser rein sachlichen Begutachtung des Zeppelin-Projektes
beließ, sondern sich mit einem emotional verfaßten Aufruf zur
Unterstützung der Zeppelinschen Idee an die Öffentlichkeit
wandte. Dieser denkwürdige Aufruf vom 30. Dezember 1896
war für den Grafen und seine wenigen Mitarbeiter die erste
öffentliche Reaktion auf ihr Vorhaben und stimulierte den kleinen Kreis ungemein. Immer und immer wieder las sich Zeppelin
folgende Auszüge aus dem Aufruf durch:

Nach eingehender Erwägung aller Umstände haben wir dieser Bitte (gemeint ist die Prüfung der Zeppelinschen Unterlagen – M. B.) Folge geben
zu sollen geglaubt, und zwar in voller Erkenntnis und Würdigung der
scheinbar entgegenstehenden grundsätzlichen Bedenken. [39, S. 1]

Wir glauben, in diesem Sinne an die deutschen Industriellen und insbesondere an die Mitglieder unseres Vereins uns wenden und ihnen die Bitte
um ihre Mitwirkung bei dem bedeutenden Unternehmen warm ans Herz
legen zu sollen. [39, S. 2]

Die Parteinahme des VDI für Zeppelins Projekt kam für das
starre Luftschiff gerade noch zur rechten Zeit, denn seit der
Mitte der neunziger Jahre des vorigen Jahrhunderts liefen in
einigen Ländern Europas und in den USA die Arbeiten an anderen
Luftschifftypen und am Flugzeug bereits auf Hochtouren. Auf
der Berliner Industrieausstellung 1896 wurde z. B. das von Dr.
Wölfert gebaute unstarre Luftschiff zu einer der Hauptattraktio-
nen, und zur selben Zeit baute der Ungar Schwarz auf dem Gelände der damaligen Luftschifferabteilung ein Ganzmetallluftschiff. Bereits 1897 war der von Sigsfeld und Parseval erdachte
Drachenballon in das preußische Heer eingeführt worden, und
in fast allen Ländern des Kontinents erlebte die Ballonfliegerei
einen zweiten Höhepunkt ihrer Geschichte. Es soll auch nicht unerwähnt bleiben, daß die wahrhaft sensationellen Gleitflüge Otto
Lilienthals die Möglichkeit, Flugzeuge zu bauen, in greifbare
Nähe rücken ließen. Gegenüber all diesen Varianten befand sich
der starre Luftschifftyp in einer fast chancenlosen Situation –
denn es gab ihn bisher nur auf dem Papier und im Hirn eines
ehemaligen Reitergenerals.
Der Aufruf des VDI und der plötzliche Tod des Luftschiffbauers David Schwarz eröffnete die Zusammenarbeit zwischen
dem Aluminium-Industriellen Berg und dem Luftschiffbauer

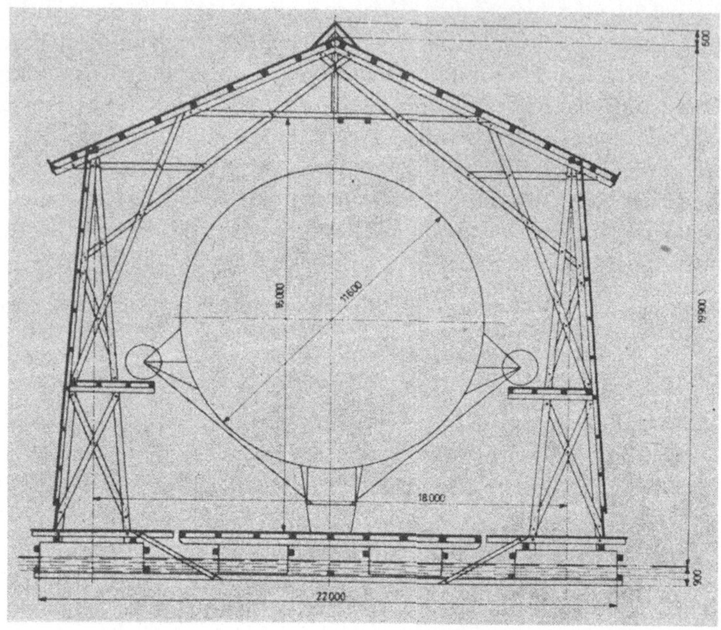

13 Schnitt der hölzernen Werft- und Bergehalle für LZ 1 aus dem Jahre 1899 in Manzell

Zeppelin, die sich in der Folgezeit als äußerst fruchtbar erwies. Leider verzögerte sich wegen gewisser Erbstreitigkeiten und der Patentrechte zwischen Berg und der Witwe von Schwarz diese Kooperation etwas, doch schon nach wenigen Monaten ging Berg in Eveking daran, eine spezielle Halle zu bauen, in der die Einzelteile der riesigen Gitterkonstruktion für das starre Luftschiff gefertigt wurden, die man dann per Bahn nach Friedrichshafen und weiter nach Manzell transportierte. Es soll auch nicht unerwähnt bleiben, daß Berg die Aluminiumteile für das erste Luftschiff Zeppelins kostenlos lieferte.

Das wichtigste Ergebnis des VDI-Aufrufes war für Zeppelin, daß er die Möglichkeit bekam, eine „Aktiengesellschaft zur Förderung der Luftschiffahrt" zu gründen, was im Mai 1898 geschah. Technischer Leiter wurde Ing. Kübler, der später auch den Bau des ersten Zeppelins leitete. Geschäftsführer der Gesellschaft war Ernst Uhland. Aus den Kreisen der Industrie gingen der Ge-

sellschaft rund eine halbe Million Mark zu, und Zeppelin
steuerte selbst etwa 420 000 Mark bei, so daß die Aktiengesellschaft über genügend Kapital verfügte, um endlich an den Bau
des ersten „Luftschiffes Zeppelin" – später unter dem Kürzel LZ
und einer fortlaufenden Zahl mit arabischen Ziffern katalogi-
siert – zu gehen. Eine letzte, aber nicht unbedeutende Folge des
Aufrufes des VDI war die Schenkung von Bauland in Manzell
durch König Wilhelm II. von Württemberg – dem ehemaligen
„Sorgenkind" des Grafen. In Manzell entstand zunächst eine
kleine Werkstatt und auf dem Bodensee in geringer Entfernung
vom Ufer eine schwimmende Halle. (Vgl. [16].) Eine schwimmende Start- und Landehalle machte zwar Schwierigkeiten mit
ihrer Verankerung im Boden, hatte aber andererseits gleich zwei
entscheidende Vorteile: Erstens war sie leicht in Windrichtung
drehbar. Damit konnten die Start- und Einbringungsmanöver in
die Halle erheblich erleichtert werden. Zweitens hoffte Zeppelin,
durch die Wasserung des Luftschiffes statt der Landung den Auf-
prall der Gondeln zu dämpfen. Hierdurch sollte die Stabilität
des Luftschiffgerippes weniger hohen Anforderungen ausgesetzt
werden. Denn nach wie vor war eines der Hauptargumente der
Gegner des starren Luftschiffes, daß die Gerüstkonstruktion ent-
weder zum Schweben zu schwer oder für die Landung zu leicht
und zerbrechlich sei.
Die Verbindung zwischen der Teilmontagehalle am Ufer und der
schwimmenden Endmontagehalle auf dem See wurde über ein
Floß gesichert.
Von wieviel Hemmnissen und auch Havarien der Bau des ersten
Luftschiffes Zeppelins begleitet war, machen folgende Auszüge
aus den persönlichen Notizen Uhlands, dem Geschäftsführer der
Aktiengesellschaft, deutlich:

1. 6. 1899: Versenkung eines Zementblockes im Gewicht von 40 t für die
Verankerung der schwimmenden Halle 800 m vom Ufer.
17. 6. 1899: Ankunft der ersten Teile aus Eveking. Werden in der Mon-
tagehalle zusammengesetzt und vermittels eines Floßes in die
schwimmende Halle verbracht.
18. 7. 1899: Im Sturm reißt sich die Halle los. Öse am Zementblock ge-
brochen. Dampfer bringt schwimmende Halle an Ankerplatz
zurück.
19. 7. 1899: Nochmaliges Losreißen. Verankerung mit schweren Marine-
ankern.

19. 8. 1899: Professor Hergesell läßt Drachen für Windmessungen bauen.
Okt./Dez.:   Stoffe für Zellen immer noch schlecht. Anfrage bei englischer
1899:   Firma Touton, Birmingham, welche Goldschlägerhaut-Ballons
             für englisches Militär liefert.
12. 1. 1900: Wilhelm Maybach bespricht geeignete Kühlvorrichtung aus
             Aluminiumrohren mit Rippen.
27. 1. 1900: Auswiegen des Gerippes ergab 4 120 kg gegen 4 800 kg des
             Voranschlages.
14. 2. 1900: Im Sturm reißen die Haltetrossen der schwimmenden Halle.
             Sie treibt ans Ufer, keine Schäden am Schiffsgerippe. Man
             hofft, da der See Niedrigwasser hat, daß bei Steigen des Was-
             serstandes die Halle wieder freikommt und aufschwimmt.
 2. 5. 1900: Halle schwimmt wieder, Pontons leergepumpt. Halle am alten
             Liegeplatz verankert.
27. 5. 1900: Endlich scheinen Versuche mit Zellenstoff befriedigend.
 7. 6. 1900: Blitzschlag in die Halle, ohne Zünden.
12. 6. 1900: Anweisungen der Dampfschiffgesellschaften wegen evtl. Probe-
             fahrten, auch über evtl. Einschleppen des Luftschiffs. 3 Mann
             Landjäger vom Landesamt für 28. 6. bestellt.
30. 6. 1900: Aufstieg beabsichtigt. Da Füllung zu lang dauerte, abgesagt.
 1. 7. 1900: Tausende von Menschen am Ufer, Dampfer auf dem See. Auf-
             gelassener Fesselballon meldet starken Wind bis zu 10 m/s.
             Fahrt abgesagt. Schiff abends mit Floß aus der Halle gezogen.
             Abwiegen und Propellerversuche, zurück zur Halle.
 2. 7. 1900: Da zwei Tage schon alle Beteiligten angestrengt gearbeitet
             haben, weitere Vorbereitungen für Start erst am Nachmittag
             begonnen. Aufstieg beschlossen, da Prof. Hergesell Lage als
             günstig beurteilt. [21, S. 32]

Der Start zur Jungfernfahrt des ersten starren Luftschiffes der
Welt, des Luftschiffes Zeppelin 1, war für den Abend des 2. Juli
1900 festgelegt worden. Das Abwägen des Luftschiffes, die Überprüfung der Gasfüllung in den Zellen und die Leitung des Auf-
stieges wurde von Sigsfeld, einem bekannten Ballonfahrer der
preußischen Luftschifferabteilung, übernommen. Da schwamm
also der 128 Meter lange und im Durchmesser 11,25 Meter große
Luftriese. Nichts deutete darauf hin, daß er überhaupt aufsteigen
und schweben oder gar komplizierte Steuermanöver in der Luft
ausführen könne. Von weitem wirkte der Querschnitt des Luftschiffes rund, aus der Nähe betrachtet, konnte man jedoch deutlich ein Vierundzwanzigeck als Querschnittsfläche erkennen. In
dieser gewaltigen Ballonhülle waren siebzehn aus imprägnierter
Baumwolle gefertigte Traggaszellen verborgen, jede für sich mit
einer dünnen Gummi-Isolierschicht überzogen. Insgesamt waren

elftausenddreihundert Kubikmeter Wasserstoffgas eingeschlossen, die in der Luft einen Auftrieb von über einhunderttausend Newton erzeugten und die Steigfähigkeit des Luftriesen garantieren sowie die Mitnahme einer Nutzlast von 1,4 t ermöglichen sollten. Bestückt war das Luftschiff mit zwei vierzylindrigen Daimler-Motoren, die bei knapp 700 U/min jeweils knapp 11 kW leisteten. Ihr Gewicht betrug je 385 kg, ihr Brennstoffverbrauch lag bei etwa 540 g/kWh. Sie trieben vier vierflügelige Metallpropeller von je 1,2 m Durchmesser an, die etwa in Höhe des Luftwiderstandsmittelpunktes angebracht waren.

Die fünfköpfige Besatzung mit Zeppelin an der Spitze, aber ohne Bauleiter Kübler und Konstrukteur Ludwig Dürr, die beide als Ersatzmänner vorgesehen waren und den Start beaufsichtigten, fand in den beiden Motorgondeln, die sich am Bug und Heck des Schiffes befanden, ausreichend Platz. Durch einen an Drähten aufgehängten Laufsteg, in dem sich auch noch das Rohrsystem für die Motorkühlung befand, waren beide Gondeln miteinander verbunden. Die Seitensteuerung, noch mehr aber die Höhensteuerung wirken aus heutiger Sicht zwar sehr primitiv, doch dürfen wir dabei nicht außer acht lassen, daß sie damals das Beste darstellten, was auf diesem Gebiet international vorhanden war. Achtern befanden sich senkrecht stehende drehbare Flächen, die ein Manövrieren in der Horizontalen erlauben sollten. Die Höhensteuerung erfolgte neben der Möglichkeit, Ballast abzuwerfen und Gasventile zu ziehen, vor allem durch einen an einem Seil unterhalb des Laufsteges befindlichen Körper von anfangs 100 kg Masse, der mittels einer Kurbel vor- und rückwärts gezogen werden konnte, wodurch sich der Schwerpunkt des Luftschiffes gleichfalls nach vorn und hinten verschob und jede gewünschte Schrägfahrt möglich wurde. Einen besonderen Farbanstrich erhielt die Ballonhülle nicht. Erst viel später kam man auf die Idee, die Ballonhaut mit silbrig glänzendem Aluminiumpulver zu bestreichen, das für eine bessere Wärmeisolation sorgte und den Einfluß der Sonnenstrahlung auf die Gaszellen herabsetzte.

Noch nie zuvor in der Geschichte der bemannten Luftfahrt hatte ein bemanntes Luftschiffexperiment so bedeutende Persönlichkeiten aus fast allen europäischen Luftschifferkreisen und die technisch interessierte Öffentlichkeit vereint. Unter den zahlreichen

14 Führergondel des ersten Zeppelin-Luftschiffes LZ 1 (Nachbildung)

erschienenen Ehrengästen ist vor allem das einstige Gründungs-
mitglied der Preußischen Luftschifferabteilung und Mitglied der
Aktiengesellschaft zur Förderung der Luftschiffahrt Hermann
Moedebeck zu nennen, denn er hat wie kaum ein anderer auch
späterhin das Zeppelin-Projekt maßgeblich gefördert. In den „Il-
lustrierten Aeronautischen Mitteilungen", der führenden Luftschif-
ferzeitschrift in Deutschland, schrieb Moedebeck über die Erstauffahrt eines „Zeppelins":

Jeder, der den Versuchen beiwohnte beziehungsweise sie mitmachte, hat
den Eindruck gewonnen, daß in ihnen eine Intelligenz und Arbeit zum Ausdruck gekommen ist, die auf die Entwicklung der Luftschiffahrt von Einfluß
sein muß ... Aber wir verlangen noch sehr viel mehr; wir sehen im vorlie-
genden Versuch nur den ersten schüchternen Schritt und rufen daher allen
Beteiligten zu: „Weiter!" [41, S. 12]

Zeppelin erkannte mit dem ihm eigenen Gespür den entscheidenden Mangel während der Erstauffahrt: die zu geringe Geschwindigkeit, und erklärte das so:

Infolge zu langen Festhaltens zweier Haltetaue am hinteren Ende blieb
letzteres beim Aufstieg des Fahrzeugs in der Aufwärtsbewegung zurück. So-
bald die Taue losgelassen waren, wurde das Laufgewicht nach vorwärts
gebracht. Dadurch schwang das Fahrzeug gegen die waagerechte Lage zurück

80

15 Luftschiff LZ 1, erster Start am 2. Juli 1900 auf dem Bodensee bei Friedrichshafen

und erreichte, in derselben angelangt, da nun die Schrauben vorwärts arbeiteten, seine größte Geschwindigkeit während dieses Versuchs. Es kam gegen den ihm gerade entgegenstehenden 5,5-Meter-Sekunden-Wind (Messung am Beobachtungs-Fesselballon) in diesem Augenblick rasch voran. Dieser Augenblick war aber viel zu kurz, um ihm zu gestatten, auch nur annähernd seine wirkliche größte Geschwindigkeit anzunehmen.
Das Fahrzeug schoß nämlich, weil bei dem Bemühen, das Luftgewicht wieder in die Mittellage zurückzubringen, die Kurbel für dasselbe brach, alsbald mit der Spitze nach unten ... Von da ab bestand das ganze Fahren in einem Wechsel von Vor- und Rückwärtsgang der Schrauben, um damit zu große Neigungen zu hemmen ... So fehlt denn jeglicher Anhalt für die erlangte Geschwindigkeit. [12]

Unter den zahlreichen Zuschauern gab es aber auch nicht wenige, die wie der damals noch relativ unbekannte Redakteur der „Frankfurter Zeitung", Hugo Eckener (der spätere erfolgreichste Luftschiffkommandant aller Zeiten), offensichtliche Mängel des Zeppelins erkannten. In dem Bericht an seine Zeitung hob er in diesem Zusammenhang die schwache Motorenleistung, die schwerfällige und unzureichende Seitensteuerung sowie die Störanfälligkeit der Höhensteuerung hervor. Und in sarkastischer Weise schloß Eckener seinen Bericht:

Bis jetzt hat es nicht den Anschein, als habe die neue Art der Beförderung per Luftschiff den Reiz der Schnelligkeit. Nach seinen heutigen Leistungen würde das Zeppelinsche Luftschiff ungefähr vierzig Stunden brauchen, um diese Zeilen von Friedrichshafen nach Frankfurt zu bringen – wenn kein Wind weht! [17, S. 138]

Der sozialdemokratische „Vorwärts" urteilte vorsichtiger. Er schreibt am 4. Juli 1900:

Das Urteil geht einstimmig dahin, daß das Balancieren vortrefflich ging, daß aber die Luftschrauben noch mangelhaft funktionieren und die Tragkraft für den Riesenkörper zu gering ist. [40, S. 5]

In der Folgezeit zeigten sich die befürchteten Festigkeitsprobleme an der Gitterkonstruktion des Luftschiffes. In der Nacht zum 25. September knickte der Ballon in der Mitte zusammen, weil während der Vorbereitungen auf eine erneute Fahrt des Luftschiffes ein Mechaniker nicht vorsichtig genug hantierte.

Auch die Gaszellen erwiesen sich bei längerem Gebrauch als nicht dicht genug. Man berechnete einen Verlust von mehr als 200 Kubikmeter pro Tag für den Ballon. Sie wurden durch osmotische Vorgänge in den Baumwollhüllen hervorgerufen.

Die erforderlichen Reparatur-, Wartungs- und Lohnkosten ließen den Rest des verbliebenen Stammkapitals der Aktiengesellschaft schnell schrumpfen. Unter erheblichem Kraftaufwand gelang es trotzdem, LZ 1 für eine zweite Fahrt startklar zu machen. Sie fand am 17. Oktober 1900 nachmittags statt und dauerte immerhin fast 90 Minuten. Sie brachte zwar gegenüber der Jungfernfahrt keine neuen Erkenntnisse, bestätigte aber die Fahr- und Landetüchtigkeit des Luftschiffes nachdrücklich.

Für die dritte Fahrt des Luftschiffes, die am 24. Oktober stattfand, war es aus finanziellen Gründen schon fast nicht mehr möglich, notwendige technische Neuerungen am Schiff vorzunehmen, so sehr es Zeppelin und seine Mitarbeiter auch wünschten. Trotzdem entschloß man sich für ein neuartiges Höhensteuer, das das Laufgewicht überflüssig machte. Der Start war allerdings bis zuletzt in Frage gestellt, weil nicht genug Wasserstoffgas zur Verfügung stand. Erst durch Schenkung von 250 Gasflaschen durch die Preußische Luftschifferabteilung konnte am 24. Oktober um 17.02 Uhr der Start erfolgen. Wenig später, um 17.25 Uhr, wasserte das Luftschiff sicher, nachdem es vorher einige geschickte Wendemanöver ausführte und nach Berechnungen von Prof. Hergesell eine Geschwindigkeit von etwa 9 m/s erreichte, was für ein Luftschiff zu damaliger Zeit eine phantastische Leistung darstellt.

Trotz der gelungenen drei Fahrten des Zeppelins gab es noch genügend Gegner des starren Luftschifftyps, die wie der österreichische Ingenieur und Luftschiffexperte Viktor Silberer dachten: „Der Zeppelin ist die größte technische Verfehlung, ein technischer Unsinn in Kolossalform." [17, S. 138]

Nach den drei Fahrten des LZ 1 war das gesamte Kapital der „Aktiengesellschaft zur Förderung der Luftschiffahrt" restlos verbraucht. Es boten sich keine neuen Auftraggeber an. Deshalb sah sich die Leitung der Gesellschaft zur Liquidation des Unternehmens gezwungen.

Am 15. November 1900 erfolgte als dessen letzter Schritt die Entlassung der meisten der ehemals fast einhundert Mitarbeiter Zeppelins. Unter den wenigen, die der Graf auch in der Zeit nach der Auflösung seiner Gesellschaft bei sich behielt, war Ludwig Dürr, ein erst 22jähriger überdurchschnittlich begabter Ingenieur, der seit 1899 zum Unternehmen gehörte. (Auf diesen Ludwig Dürr wird noch an anderer Stelle einzugehen sein.)

Aus der Liquidationsmasse kaufte Zeppelin das Luftschiff, die schwimmende Halle und die Werkstätten zurück. Von dem eingelösten Geld konnten die Gläubiger ausgezahlt werden. Aber an eine Reparatur des angeschlagenen Luftriesen war unter diesen Umständen nicht mehr zu denken, und einzelne technische Neuerungen am LZ 1 wären nur Stückwerk geblieben. Deshalb entschloß sich Zeppelin schweren Herzens, das ganze Luftschiff abzuwracken, um dadurch wenigstens diverse Einzelteile über die Zeit zu retten.

Die Echterdinger Luftschiffkatastrophe von 1908

Nachdem das erste Zeppelin-Luftschiff aus Geldmangel seine Fahrten einstellen mußte und auf Anweisung Zeppelins abgewrackt wurde, stand die klein gewordene Mannschaft um den 62jährigen Ferdinand Graf von Zeppelin wiederum vor einem Neubeginn ihres Luftschiffprojektes.

Zeppelin wußte: Für neue und kluge Ideen war der junge Chefkonstrukteur Ludwig Dürr der richtige Mann. Aber wer sollte die Finanzierung des Baues eines weiteren Luftschiffes übernehmen? Ganz zu schweigen davon, daß es um 1900 unmöglich war, einen Käufer für ein starres Luftschiff zu finden. An den Einsatz von starren Verkehrsluftschiffen dachte um die Jahrhundertwende kaum jemand ernsthaft, und die Militärverwaltung in

6*

Berlin hatte einen eventuellen Kauf eines Zeppelins bereits im Gutachten des Hauptmannes Michaelis vom Juli 1894 über „die militärische Verwendbarkeit des Zeppelinschen Luftschiffprojektes" allein davon abhängig gemacht, ob die Zeppelinsche Erfindung bereits für Verkehrszwecke erprobt worden sei oder nicht. [44, S. 16]

Wie aber sollte der zweite Schritt vor dem ersten ausgeführt werden können? Dem Grafen schien hierfür der Verein Deutscher Ingenieure als der geeignete Ausweg aus dieser zweifellos komplizierten Situation. Zeppelin hoffte, dort werde man ihm, ähnlich wie schon vor vier Jahren, aus der Klemme helfen. Doch er wurde arg enttäuscht. Die Mitglieder der VDI-Kommission schätzten nämlich die Fahrten des LZ 1 längst nicht so optimistisch ein wie Zeppelin. Was man dem Grafen gerade noch zubilligte, war die Aussicht, auf der Kieler Jahrestagung der Gesellschaft das Zeppelin-Projekt erneut auf die Tagesordnung zu setzen, ohne allerdings den Erfinder selbst referieren zu lassen.

Das Ergebnis dieser Aussprache schien vorbestimmt: Das Zeppelin-Projekt wurde erneut abgelehnt.

Das Jahr 1901 hatte für Zeppelin sehr vielversprechend begonnen. Am 7. Januar dieses Jahres erhielt er die Möglichkeit, vor der Deutschen Kolonialgesellschaft im Saale der Philharmonie zu Berlin über sein Werk zu sprechen. [45, S. 69–70] Vielversprechend deshalb, weil ihm dort der Chef des Militärkabinetts General v. Hahnke ein kaiserliches Kabinettschreiben und den roten Adlerorden erster Klasse überreichte: Der Inhalt des Schreibens war:

Nachdem Mir über die Aufstiege mit dem von Ihnen erfundenen Luftschiff berichtet worden ist, gereicht es Mir zur Freude, Ihnen Meine Anerkennung für die Ausdauer und Mühe auszusprechen, mit deren Sie trotz mannigfacher Hindernisse die selbst gestellte Aufgabe erfolgreich durchgeführt haben. [46, S. 70]

Wichtiger als diese persönliche Belobigung durch den Kaiser war für Zeppelins weiteres Schaffen folgender Auszug aus dem Schreiben:

Solchen Versuchen will Ich meine Anerkennung dadurch gewähren, daß Ihnen der Rat und die Erfahrung der Luftschifferabteilung jederzeit zur Verfügung stehen soll. Ich habe daher befohlen, daß die Luftschifferabteilung, so oft es möglich sein sollte, einen Offizier zu Ihren weiteren Versuchen zu entsenden hat ... [46, S. 70]

Seitdem gehörten Angehörige der preußischen Luftschifferabteilung zu den ständigen Beobachtern und Helfern aller Zeppelinstarts.

Aber das Jahr 1901 verging, ohne daß Zeppelin seinem Ziel, ein verkehrstüchtiges Luftschiff zu bauen, näher gekommen wäre. Dagegen sorgten in Frankreich die Fahrten von Santos-Dumont, der bereits seit 1898 Luftschiffe baute, und anderer Luftschiffbauer mit halb- und unstarren Systemen für internationale Schlagzeilen. Besonderes Aufsehen erregte der brasilianische Kaffeeplantagenbesitzer Santos-Dumont durch die gelungene Eiffelturmumkreisung mit seinem knapp zweitausend Kubikmeter großen Pralluftschiff am 19. Oktober 1901. Er hielt sich dabei etwa dreißig Minuten in der Luft auf, und es gelang ihm, zum Startplatz in St. Cloud zurückzukehren. Für diese Leistung erhielt Santos-Dumont den mit 100 000 Goldfranken (ca. 80 000 RM) datierten Preis des Erdölmillionärs H. D. de la Meurthe. Das Geld spendete er in einer großzügigen Geste verschiedenen sozialen Einrichtungen von Paris, und den Rest schenkte er seinen Mitarbeitern, was ihm neben dem Ruhm eines erfolgreichen Luftschiffbauers und -piloten noch die Sympathie der französischen Bevölkerung einbrachte.

Wie jämmerlich mußte sich angesichts der Erfolge von Santos-Dumont Zeppelin vorgekommen sein! Er fühlte sich zu Recht als unverstandener Erfinder und – was ihn noch mehr traf – als Bettler. Auch das Jahr 1902 verging, ohne daß Zeppelin die Chance eingeräumt wurde, ein zweites Luftschiff zu bauen. Doch täten wir seiner Person unrecht, wenn wir ihn in dieser Zeit untätig und resignierend, zurückgezogen und schmollend irgendwo an den Ufern des Bodensees oder in den Bergen der nahen Schweiz erwarten würden. Wir würden schnell eines Besseren belehrt, wäre es uns möglich, das fleißige Streben, das unermüdliche Probieren, die schöpferischen Diskussionen des kleinen Kreises um den Grafen Zeppelin in der Manzeller Halle mit zu verfolgen. Folgende Auszüge aus dem „Journal" Uhlands mögen das verdeutlichen:

Im September schlug Prof. Hergesell der Reichsregierung in einer Eingabe vor, am Bodensee eine Wetterstation zu errichten. Im November kam Dürr

auf Grund experimenteller Untersuchungen auf die Idee, beim künftigen
Luftschiff den Laufsteg zwischen den beiden Gondeln starr unter dem Ballonkörper anzubringen, um damit die Stabilität des Luftschiffes zu er-
höhen.
Im gleichen Moment machte Dürr die geniale und für die Luftschiffahrt
weitreichende Feststellung, daß das Gerüst samt allen metallischen Trä-
gern und Versteifungen wesentlich stabiler und dabei leichter wird, wenn
statt der bisherigen Flach- und Rohrprofile solche mit dreieckiger Querschnittsfläche benutzt würden.
Im Dezember lehnte Dürr ein verlockendes Angebot amerikanischer Fir-
men ab, in den USA Luftschiffe zu bauen. [21, S. 41]

Das Jahr 1903 begann für Zeppelin so, wie das vorangegangene
endete, nämlich mit wenig Aussicht auf den ersehnten Bauauf-
trag, aber mit aufreibenden Verhandlungen mit den verschiedensten Behörden, Industriellenkreisen und Wissenschaftlern. Wir
wollen im folgenden aus der Fülle derartiger Geschehnisse drei
aus dem ersten Halbjahr 1903 in Erinnerung rufen, weil sie so
recht die verzweifelte Situation verdeutlichen, in die Zeppelin
mit seinem Luftschiff-Projekt geraten war.
Ein an 60 000 bedeutende Persönlichkeiten des öffentlichen Lebens versandter Aufruf zur Unterstützung des Luftschiffbaus
brachte Zeppelin ganze achttausend Mark ein – das war weniger
als die Druck- und Versandkosten der Post erforderten.
In der Zeitschrift „Die Woche" veröffentlichte Zeppelin am 3. Oktober 1903 den „Notruf zur Rettung der Flugschiffahrt", der unter
anderem beinhaltete:

Eine kurze Spanne Zeit, und Wetter, Sturm und Wellen werden mein la-
gerndes Material unverwendbar gemacht haben. Meine letzten geschulten
Gehilfen werden mir nicht mehr zur Verfügung stehen. Die letzten Mittel,
die ich selbst zu diesem Zweck zu opfern vermag, werden erschöpft sein.
Die Gebrechlichkeit des Alters oder der Tod werden meinem Schaffen ein
Ziel gesetzt haben ... Darum eilt, die ihr solche Flugschiffe haben wollt,
dem Mittel zu bieten, der allein sie auch schaffen kann! Eilt, sonst werdet
ihr das in die Tiefe versinkende Kleinod nicht mehr fassen können. [32]

In Frankreich wurde das erste halbstarre Luftschiff des Lebaudy-
Typs fertiggestellt. Die zigarrenförmige Hülle war 58 m lang
und hatte einen maximalen Durchmesser von 9,8 m. Hervorzuheben an diesem Luftschiff war die Tatsache, daß hier erstmals
ein Daimler-Benzinmotor von knapp 50 kW als Antrieb verwendet wurde. Das Luftschiff erreichte während einer triumphalen

100-km-Fahrt von Moisson nach Paris am 12. November 1903 eine Durchschnittsgeschwindigkeit von 10 m/s.

Erst gegen Ende des Jahres 1903 gelang es Zeppelin, mit seinem Projekt in der Öffentlichkeit und in der Industrie wieder etwas Fuß zu fassen. Der württembergische König, der selbst begeisterter Augenzeuge der dritten Fahrt des LZ 1 gewesen war, genehmigte Zeppelin im Mai 1904 das Veranstalten einer Lotterie, die dem Grafen einen Gewinn von rund 125 000 Reichsmark brachte. Die preußische Regierung gestattet Zeppelin nicht, eine Lotterie zugunsten seines Luftschiffbaus durchzuführen, stattdessen zahlte sie Zeppelin eine Spende von 50 000 Mark, was im Vergleich zum Erlös einer Lotterie eine geringe Summe war. Weitere fast 200 000 Mark steuerte Zeppelin aus seinem eigenen und dem seiner Frau ererbten und verpfändeten Familienvermögen bei. Die bereits beim Bau des LZ 1 stark beteiligten Unternehmen Daimler und Berg sicherten Zeppelin wieder ihre Unterstützung zu. Zeppelin setzte vor allem auf die nach seiner Idee von Ludwig Dürr entworfenen dreieckigen Trägerprofile und die sich in der Erprobung befindlichen schnellaufenden und leichten Daimler-Benzinmotoren.

Im Jahre 1904 konnte Zeppelin einen ehemaligen Mitarbeiter der neuen Daimler-Motorengeneration, Ingenieur Karl Stahl, für sein Unternehmen gewinnen. Stahl überarbeitete daraufhin gemeinsam mit Dürr die gesamte Schiffskonstruktion auch unter Einbeziehung festerer Aluminiumlegierungen für die Träger, strapazierfähigerer und dichterer Stoffe für die Ballonhüllen und neuartiger Steueranlagen.

Im Frühjahr 1905 begann der Bau des zweiten Zeppelins. Er wurde noch im November des gleichen Jahres beendet. In den geometrischen Dimensionen wies der Ballon gegenüber dem des LZ 1 keine nennenswerten Veränderungen auf. Aber die zwei neuen Motoren mit ihren jeweils 66 kW Leistung bei 1050 Umdrehungen pro Minute und einer Gesamtmasse von 720 kg, die unter maßgeblicher Beteiligung von Wilhelm Maybach entwickelt worden waren, sorgten unter den Beteiligten für eine außergewöhnliche Spannung und Erwartungshaltung. (Zum Vergleich: Das Masse-Leistungsverhältnis der Motoren betrug beim LZ 1 35 kg/kW und beim LZ 2 nur noch 5,5 kg/kW.) Die beiden dreiflügeligen Propeller, die fast doppelt so groß waren wie die vom LZ 1, sollten für einen größeren Vortrieb und eine ruhigere Fahrt sorgen.

Der Start war für den 17. Januar 1906 angesetzt. Hugo Eckener beobachtete auch diese Fahrt und schrieb unter dem 19. Januar in der „Frankfurter Zeitung":

Es war auch dieses Mal von vornherein offenbar, daß die Motoren wieder schwere Sorgen bereiteten. Nachdem das Luftschiff mit Schwierigkeiten aus seiner Halle bugsiert und windgerecht gedreht war, wurde versucht, die Motoren wieder in Gang zu bringen. Der eine wollte nicht. Wohl eine Stunde dauerten die vergeblichen Bemühungen, und fast schien es schon, als ob jeder weitere Versuch für diesen Tag aufgegeben werden müßte. Schließlich aber gelang es doch, und schnell erhob sich nun das losgelassene Luftschiff zu einer beträchtlichen Höhe (etwa 500–600 m) und begann schnell und schneller von seinen Propellern vorwärts getrieben zu werden. Es durchlief eine größere Strecke mit einer Geschwindigkeit von 12 bis 15 m in der Sekunde und beschrieb einige gelungene Kurven. Mit einem Male: Was ist das? Droben stockt die Bewegung; es ist entschieden etwas nicht in Ordnung! Ein Blick durch das Glas belehrt uns, daß das vordere Propellerpaar stillsteht. Und der Wind, der in den oberen Luftschichten ziemlich lebhaft geht, drängt das Luftschiff in das Land hinein.
Ein Schrecken faßt den, der die Bedeutung dieser Tatsache versteht: Das starre, steife Luftschiff, das nur für Landungen auf dem weichen Polster der Seeoberfläche geeignet ist, geht auf dem Lande wahrscheinlich seiner Vernichtung entgegen. [47, S. 2]

Eckener sollte recht behalten mit seiner schicksalschweren Ahnung. Zwar konnte die Zeppelin-Mannschaft mit viel Geschick und Glück den angeschlagenen Riesenkörper weich zur Landung bringen, doch an einen schnellen Wiederaufstieg und die Rückkehr in die schützende Halle war nicht zu denken. Stattdessen frischte gegen Abend der Wind auf, und da im festgefrorenen Boden ohnehin keine haltbare Verankerung des Luftschiffes möglich war, blieb es allein der Zeit überlassen, wann das technische Meisterwerk schließlich vernichtet sein würde. Das geschah noch in derselben Nacht.
Eckener ging in jenen Tagen aber noch aus dem Rahmen eines sachlichen Beobachters hinaus und versuchte, die Zukunft des Zeppelinschen Luftschiffes vorauszusagen. Als Laie urteilte er damals, wie viele andere auch, negativ. Am 20. Januar 1906 faßte er seine Überlegungen in die kurze Formel: „Damit ist gesagt, daß das Modell ungeeignet ist." [48, S. 1]
Zeppelin wollte in jenen kritischen Januartagen endgültig mit dem Luftschiffbau aufhören. Immerhin stand er im 68. Lebensjahr. Es muß auf ihn wie ein Wunder gewirkt haben, als am 3. Februar

ausgerechnet ein Brief Eckeners im „Deutschen Haus", seinem Büro, eintraf, in dem stand:

Auch ist klar, daß man jedenfalls aus den von mir bezeichneten Gründen das Luftschiff nicht ‚ungeeignet' nennen durfte. Vielmehr muß man annehmen, daß nach der sicherlich nicht schwierigen Behebung der offenbar gewordenen, verhältnismäßig untergeordneten Störungsquellen das Luftschiff *durchweg* in der Luft diejenigen guten Eigenschaften beweisen wird, die es am 17. Januar leider nur in Momenten kürzerer oder längerer Dauer zeigte, wie wir in unseren Berichten bereits hervorhoben. Ich fühle mich verpflichtet, im Interesse der Wahrheit und der bedeutenden Sache ... [49, S. 2]

Dieser Brief war der Ausgangspunkt einer lebenslangen Freundschaft zwischen Zeppelin und Eckener, der nach dem Tode des Grafen dessen Werk bis Ende der dreißiger Jahre fortsetzte.

Mit dem Urteil Eckeners und anderer ausgerüstet, wagte Zeppelin bereits im Februar einen neuen Anlauf beim Kriegsministerium, das wegen einiger erfolgreicher Luftschiffexperimente in Frankreich an der Luftschiffahrt jetzt stärkeres Interesse zeigte. Zeppelins Denkschrift „Die Wahrheit über mein Luftschiff" von Mitte Februar veranlaßte das Kriegsministerium in Berlin, erneut eine Kommission zur Untersuchung der Möglichkeiten, Luftschiffe zu bauen, ins Leben zu rufen.

Die Beratung der Expertenkommission erbrachte für Zeppelin und den gesamten Luftschiffbau in Deutschland eine positive Entscheidung. Man begründete die neue Einstellung vor allem mit dem Entwicklungsstand, den der französische Luftschiffbau erreicht hatte. Major Ludendorff, der dann im ersten Weltkrieg Generalquartiermeister der Obersten Heeresleitung war, forderte als Vertreter des kaiserlichen Generalstabes in dieser Kommission den Einsatz deutscher Luftschiffe als taktische Angriffswaffe. Allerdings sprach sich Ludendorff damals noch für die besondere Förderung des unstarren Systems des bayrischen Majors Parseval aus, weil nach seiner Schätzung ein solches Luftschiff auf dem Landweg fast problemlos bis direkt hinter die Frontlinien befördert und dort zum Start vorbereitet werden könne, während ein „Zeppelin" eine große Starthalle und umfangreiche Start- und Landevorbereitungen erforderte.

Es ist charakteristisch für Zeppelin, daß ihn diese positive Entscheidung im wahrsten Sinne des Wortes über Nacht aus tiefer Verzweiflung nach dem Kißlegger Unglück in euphorische Arbeitsstimmung versetzte. Und es entsprach seinem Kampfgeist und seinem Durchhaltevermögen, daß er sich nicht von seinem einmal eingeschlagenen Weg abbringen ließ, sondern konsequent am starren Luftschiff weiterarbeitete. Er berief sich dabei vor allem auf die Tatsache, daß zum ersten Mal ein starres Luftschiff heil auf der Erde landete. Bisher hielten die meisten Experten der Luftfahrt das für unmöglich. Es gelang Zeppelin sogar, das preußische Kriegsministerium von der Brauchbarkeit seines starren Luftschiffes zu überzeugen – wenn auch nach wie vor mit großen Vorbehalten – und in Preußen eine Lotterie genehmigt zu bekommen.

Kaum waren die heilgebliebenen Gerüstteile des LZ 2 und andere noch verwendbare Aggregate wieder nach Manzell gebracht worden, ging Zeppelin mit der ihm eigenen Energie und Zielstrebigkeit an den Bau eines neuen Luftschiffes. Die erste Probefahrt des LZ 3 fand am 9. Oktober 1906 statt. Start, Fahrt und Wasserung verliefen ohne Komplikationen. Major Groß, einer der führenden Luftschiffexperten Deutschlands und Kommandeur des Preußischen Luftschifferbataillons, war Augenzeuge der beiden ersten Fahrten des LZ 3. Er beschrieb das Schiff und die Fahrten wie folgt:

Das neue Schiff des Grafen Zeppelin unterscheidet sich weder im Bau, noch in Form und Größe von dem im Anfange dieses Jahres gescheiterten Schiffe. Eine ganz wesentliche Verbesserung aber, der auch in erster Linie der Erfolg zu verdanken sein dürfte, besteht darin, daß das neue Schiff an seinem hinteren Ende je ein Paar großer radial gestellter Stabilisierungsflächen besitzt, welche die bisher sehr mangelhafte Stabilität der Längsachse bei voller Fahrt verbessern und sichern ...

Das Luftschiff wurde in der Halle so abgewogen, daß es ca. 150 kg Überlastung besaß, wobei es 8 Personen, Betriebsstoffe für eine 12stündige Fahrt und noch ca. 1 500 kg Wasserballast trug. Es wurde mittags auf das Floß bugsiert, der Dampfer „Eichhorn" ging hierauf mit diesem in den See hinaus und stellte es in die Höhe von Immenstaadt gekommen in die Windrichtung ein. Um 1 Uhr 5 Minuten erhob sich das Schiff vom Floße und fuhr, zunächst nur mit einem Motor und einem Propellerpaare arbeitend, in geringer Höhe über den See schwebend mit guter Fahrt gegen den schwachen Wind. Allmählich auf etwa 200 m ansteigend fuhr es nun mit zunehmender Geschwindigkeit, nachdem beide Propellerpaare eingerückt waren, in Richtung auf Konstanz, überflog den See, lief am Schweizer Ufer entlang ... wendete dann nach dem anderen Ufer des Sees in Richtung Lindau, nahm Kurs auf Friedrichshafen, wo es, vom württembergischen Königspaar begrüßt, einen vollen Kreis fuhr, und kehrte nach zweistündiger prachtvoller Fahrt nach dem mitten im See liegenden Floße zurück, wo es sich ganz sanft auf die Wasserfläche niederließ. Das Schiff lag sehr gut ohne jede stampfenden oder rollenden Bewegungen in der Luft und gehorchte seinen Steuerorganen. Die Eigenbewegung des Schiffes wurde durch sorgfältige Messungen mit Hilfe eines Theodolithen auf 12,5 m/s festgestellt. [10, S. 21/22]

Groß schätzte die Fahrten des LZ 3 folgendermaßen ein:

Durch diese beiden wohlgelungenen Fahrten ist erwiesen worden, daß das Schiff, solange es in der Luft sich befindet, ausgezeichnet stabil und gut lenkbar ist, daß auch seine Geschwindigkeit größer ist als die der bisher erprobten Luftschiffe ...
Hoffen wir, daß es dem Grafen Zeppelin nun gelingen möge, eine große Reihe von Fahrten weiter auszuführen, um praktisch den Nachweis zu führen, daß dieses Luftschiff auch auf festem Boden landen und daß es Fahrten von großem Aktionsradius ausführen könne. Vor allen Dingen aber wollen wir hoffen, daß nunmehr dem unermüdlichen Grafen Zeppelin die Mittel gewährt werden möchten, um seine Versuche weiter fortzuführen; denn nur durch diese kann Klarheit darüber geschaffen werden, ob dieses System auch militärisch verwendbar ist und ob die Leistungen in richtigem Verhältnisse zu den Kosten der Beschaffung solcher Riesenschiffe stehen werden. [10, S. 23/24]

Die im letzten Satz von Groß geäußerte Hoffnung auf umfangreiche Unterstützung des Zeppelinschen Unternehmens war vor allem an die Adresse der „Motorluftschiff-Studiengesellschaft" gerichtet, die über einen bedeutenden Einfluß im Reichstag, im Kriegsministerium und beim Kaiser verfügte, aber in jener Zeit vor allem auf das unstarre System des Luftschiffes setzte, weil dieses – nach deren Meinung – noch am ehesten für Kriegszwecke geeignet schien. Das Großsche Gutachten bewirkte, daß die offiziellen Stellen in der preußischen Regierung auf Zeppelins Drängen eingingen. Der Deutsche Reichstag faßte daraufhin folgenden Beschluß:

Bei der Bemessung des Kaufpreises werden alle Aufwendungen berücksichtigt, die Graf Zeppelin im Lauf seiner mehr als 15 Jahre umfassenden Versuche gemacht hat, zusätzlich einer Entschädigung in Höhe von 500 000 Mark, denn es ist anzuerkennen, daß Graf Zeppelin seit dem Jahre 1892 seine gesamte Arbeitskraft ausschließlich der Erreichung dieses Ziels gewidmet hat. [17, S. 143]

Im Herbst des Jahres 1907 machte LZ 3 vier weitere Fahrten, darunter auch eine Dauerfahrt von acht Stunden über 350 km, die als sogenannte „Schwabenfahrt" in die Geschichte der bemannten Luftschiffahrt einging. Diese spektakuläre Fahrt war es vor allem, die den Generalstabschef von Moltke bewog, sich dem

16 Graf Zeppelin
mit Tochter Hella
im LZ 3 1907

Starrluftschiff stärker als bisher zuzuwenden. Und das, obwohl etwa zur gleichen Zeit auch das halbstarre Luftschiff von Major Groß eine Achtstundenfahrt nachweisen konnte und das Parsevalsche Pralluftschiff nach wie vor in höchster Gunst bei den meisten verantwortlichen Militärs stand.

An einer dieser Fahrten nahm als erste Frau der Welt in einem starren Luftschiff Zeppelins einzige Tochter Helene teil. Mit dieser riskanten, aber zweifellos publikumswirksamen Entscheidung wollte Zeppelin die Zuverlässigkeit seines Luftschiffes beweisen.

In die Zeit der erfolgreichen Fahrten des LZ 3 im Herbst 1906 fiel der Tod des einzigen Bruders von Zeppelin, Dr. Eberhard von Zeppelin. Er starb am 30. Oktober 1906 nach langem Leiden. In seinen letzten Lebensjahren konnte er sich an den Fahrten des Luftschiffes – wenn auch nicht aus eigenem Erleben – noch erfreuen. Für Ferdinand von Zeppelin war der Tod seines Bruders ein schmerzlicher Verlust, bestand doch zwischen den beiden Brüdern von frühester Kindheit an ein inniges Verhältnis. Die erfolgreichen Herbstfahrten des LZ 3 lösten die erste Reaktion einer Hochschule auf das Zeppelinprojekt aus: Die Technische Hochschule Dresden verlieh dem Grafen die Würde eines Doktor-Ingenieurs.

Den ganzen Winter über führte Zeppelin keine Fahrt mehr aus: LZ 3 lag winterfest in der Halle. Das bewilligte Geld aus Berlin war auch noch nicht eingetroffen. Als die Reichsgelder endlich kamen, baute Zeppelin zunächst eine neue schwimmende Halle, denn die alte war nach der Auflösung der Aktiengesellschaft im Jahre 1900 zerlegt und provisorisch auf dem Ufer wiedererrichtet worden.

Nachdem das LZ 3 in die schwimmende Halle gebracht wurde, begann Zeppelin in der alten Halle mit dem Bau des LZ 4.

Er stand nach den überzeugenden Fahrleistungen des LZ 3 unter einem gewaltigen Erfolgszwang. Das war für Zeppelin und seine Mannschaft ein völlig neues, bisher unbekanntes Gefühl, und entsprechend konzentriert und sorgfältig ging man in Manzell an die Vorarbeiten zum Bau des neuen Luftschiffes. In seinem Tagebuch schilderte Zeppelin diese Situation so:

Ich habe jetzt die Pflicht, alles so sorgsam wie irgend möglich vorzubereiten und vorzudenken. Ich darf nichts ohne vollständige Gewißheit des Gelingens tun, denn es ist wirklich das fernere Geschick meines Schiffes ganz von dem glücklichen Ausgang der Vierundzwanzigstundenfahrt abhängig. [21, S. 45]

Als im Frühjahr ein Sturm die neue schwimmende Halle und das darin liegende LZ 3 beschädigt hatte, bugsierte Zeppelin das Luftschiff an Land und in die alte Halle zur Reparatur, während er auf See das bereits im November 1907 begonnene LZ 4 weiterbaute. Am 20. Juni 1908 war der Bau beendet, und am gleichen Tag noch erfolgte die Jungfernfahrt, die auf Anhieb sehr zufriedenstellende Ergebnisse brachte, vor allem was die Geschwindigkeit und die Steuerbarkeit betraf. Rein äußerlich unterschied sich das neue Luftschiff durch ein um fast 30 Prozent größeres Volumen des Ballons und durch weitaus größere Flächen an den Seiten- und Höhensteuern. Viel versprach man sich von den Motoren von je rund 75 kW Leistung und dem starren Laufgang, der unter dem gesamten Schiff entlang ging und der die Stabilität des Luftriesen wesentlich verbesserte.

Die gesamte Zeppelin-Mannschaft konzentrierte sich also auf die erste längere Fahrt, die vom Bodensee weg führen sollte. Prof. Hergesell übernahm die verantwortungsvolle Aufgabe, möglichst detaillierte Wettervorhersagen für das Bodenseegebiet zu machen. Eigens dafür ließ er an mehreren Stellen des Bodensees und der angrenzenden höheren Berge gefesselte Wetterballons aufsteigen, die ihm Auskunft über Betrag und Richtung des Windes in verschiedenen Höhen gaben. Seine Prognosen versprachen für Ende Juni/Anfang Juli ausgezeichnetes Fahrwetter.

Zeppelin studierte währenddessen die genaue Reiseroute. Er entschloß sich für die naheliegende Schweiz, behielt aber seine Überlegungen zunächst für sich. Er wußte, daß der detaillierte Fahrplan keine unnötigen Risiken beinhalten durfte. Demzufolge galt es, eine solche Route auszuwählen, bei der die höchsten Gebirge klug umschifft werden konnten, ohne daß man in allzu enge Schluchten geriet.

Gemeinsam legte die Mannschaft um Zeppelin als Reisetag den 1. Juli 1908 fest. An der Fahrt sollten insgesamt 12 Personen teilnehmen, unter ihnen war der Straßburger Meteorologe Hugo Hergesell, der im Jahre 1900 die drei Fahrten des LZ 1 meteorologisch vorbereitet und Geschwindigkeitsmessungen ausgeführt hatte. Er schrieb in seinen Erinnerungen an die Schweizfahrt:

Es war ein herrlicher Morgen, als wir an jenem denkwürdigen Tag in der Geschichte der Luftschiffahrt, dem 1. Juli 1908, auf dem kleinen Motorboot „Württemberg" ... nach der schwimmenden Halle in Manzell hinausfuhren. Dort harrte unser bereits das durch Oberingenieur Dürr wohlabgewogene Luftschiff; schnell nahmen wir unsere Plätze in der vorderen Gondel an Stelle der bei der Abwägung notwendigen Ersatzleute ein.

In 7 Minuten war das Schiff aus der Halle, schwenkte backbord und nahm Kurs auf Konstanz, das wir in kaum 20 Minuten erreichten und unter dem Jubel der Bevölkerung überflogen ... Kurz nach Mittag erscheinen vor uns die blauen Flächen des Vierwaldstätter Sees ... Bald sind wir über Luzern ... Die Straßen, der Promenadenkai vor dem „Schweizer Hof", alles ist schwarz wie von wimmelnden Ameisen. Wir wenden jetzt scharf nach links auf Küßnacht zu, hier wollen wir über die Paßhöhe zum Zuger See. Während die Fahrt bisher mit oder wenigstens nicht gegen die allgemeine Windrichtung gegangen war, beginnt von jetzt ab das Manövrieren gegen den Wind ... In dem engen Felsenpaß (bei Rotenbach – M. B.) drängen sich die Stromfäden des Windes derart zusammen, daß wir kaum mit einem

17 Dr. Hugo
Eckener, ehemaliger
Redakteur, später
der erfolgreichste
Luftschifführer aller
Zeiten

Meter Geschwindigkeit vorwärtskommen. Wir müssen also mindestens gegen
14 m Wind in der Sekunde ankämpfen ... Die Höhensteuer werden gezogen, willig gehorcht das Schiff, und wir fliegen schräg nach oben ... Endlich um 1 Uhr 50 Minuten, befanden wir uns über der Paßhöhe, 840 m
hoch ... Vor uns lag in seiner ganzen Längenausdehnung der Züricher
See ... Die ursprünglich beabsichtigte Fahrt nach dem Walensee und in
das Rheintal mußten wir leider aufgeben. Denn dort stand eine Gewitter-
wand, die aufzusuchen nicht ratsam schien ... Etwas vor vier Uhr war
Winterthur erreicht, nach fünf Uhr Frauenfeld ... Um 5 Uhr 30 Minuten
erblickten wir wieder die weite Fläche des Bodensees ... Nach 7 Uhr
passierten wir die Rheinmündung und um 8 Uhr 26 Minuten ließ sich das
tapfere Schiff vor seiner Halle auf die Wasserfläche nieder, genau 12 Stunden nach dem Aufstieg. In 12 Stunden waren 340 km zurückgelegt, und
der Triumph war groß. [33, S. 142]

Und Hergesell schrieb weiter:

Neben mir ... stand der Mann, der dies alles, man kann wohl sagen, gegen
den Widerstand einer ganzen Welt geschaffen hatte, in ruhiger stolzer Be-
scheidenheit. Ein mildes Lächeln verklärte seine ruhigen Züge, als er auf
seine Arbeitsstätte, den Bodensee herabblickte. [33, S. 149]
Wir hatten Städte und Berge in mannigfacher Gestaltung und Lage überflogen, Grenzen verschiedener Staaten gekreuzt, immer Herren unseres Schiffes, immer Meister im flutenden Luftmeer, wahre Eroberer des Luftozeans.

An weiteren Fahrten des LZ 4, die allesamt ohne Havarien verliefen, nanmen prominente Persönlichkeiten als Gäste teil – an deren Spitze das württembergische Königspaar. An einer Sonderfahrt des LZ 3 fuhr fast gleichzeitig der deutsche Kronprinz mit. Auch der bereits mehrfach erwähnte Hugo Eckener folgte gern einer Einladung des Grafen zu einer Fahrt mit dem LZ 4. Diese Fahrt war später der Anlaß für Eckener, seinen Posten als Redakteur aufzugeben und Luftschiffer zu werden.

Man kann sich vorstellen, wie die Anerkennung seines Werkes den Erfinder des starren Luftschiffes, den gedehmütigten Reitergeneral und jahrzehntelang unglücklichen Luftschiffbauer Ferdinand von Zeppelin, innerlich erregte und stimulierte. Man sollte dabei auch den Termin der erfolgreichen Fahrten der LZ 3 und LZ 4 nicht außer acht lassen: Sie fanden knapp eine Woche vor Zeppelins 70. Geburtstag statt! Aus dem verspotteten Luftschiffbauer war buchstäblich über Nacht ein Nationalheld geworden. In zahlreichen Zeitungen wurden seitenlange Berichte über die Schweizfahrt und die anschließenden Rundreisen über den Bodensee abgedruckt, und mehrere Autoren gingen daran, das bewegte Leben des Grafen zu erforschen, um am Ende eine Biographie zu schreiben. Kurzum: Zeppelin stand im Rampenlicht der öffentlichen Meinung. Die Euphorie um den Grafen Zeppelin fand ihren vorläufigen Höhepunkt anläßlich seines 70. Geburtstages am 8. Juli 1908. Eine ungeheure Flut von Glückwünschen aus allen Bevölkerungskreisen erreichte Zeppelin an diesem wohl glücklichsten Tag seines Lebens, den er im Kreise seiner Familie und der engsten Freunde auf Girsberg feierte. Der württembergische König gratulierte mit folgenden Worten:

Ich habe heute ein besonders starkes Bedürfnis, Ihnen meine aufrichtigsten und herzlichsten Glückwünsche zu senden. Ich weiß, daß diese guten Wünsche von meinem ganzen Lande geteilt werden. Wir alle blicken mit Stolz und Bewunderung auf Sie. Ich wünsche Ihnen noch viele, viele weitere Jahre. Ich mache mir selbst die Freude, Ihnen heute die goldene Medaille für Kunst und Wissenschaften zu verleihen, als ein äußeres Zeichen meiner tiefen Verehrung für Sie. [4, S. 159]

Als eine weitere Form der gesellschaftlichen Anerkennung verliehen die Städte Stuttgart, Friedrichshafen, Konstanz, Worms, München, Lindau, Baden-Baden und Ulm Zeppelin die Ehrenbürgerwürde. Gleichzeitig wurde er Ehrendoktor der Universität Tübingen, an der er vor genau 50 Jahren zwei Semester lang als

Student immatrikuliert war, der Universität Leipzig sowie der Technischen Hochschule Stuttgart (zwei Jahre vorher erhielt er bereits von der Technischen Hochschule Dresden die Ehrendoktorwürde). Vom Verein Deutscher Ingenieure wurde ihm dessen höchste Medaille, die Grashoff-Medaille, überreicht. Einige Stadtverwaltungen und Bürgerinitiativen gingen sogar so weit, spontan Straßen und Plätze mit Zeppelins Namen zu benennen.

Zeppelin indes wußte, daß er noch lange nicht am Ziel seiner Träume war. Um dahin zu gelangen, mußte sein Luftschiff erst die geforderte 24-Stunden-Fahrt nachweisen können. Erst dann könne man an die Realisierung eines zivilen Luftverkehrsunternehmens denken, und erst dann käme auch die Militärverwaltung als Abnehmer für seine Luftschiffe in Frage.

Die alles entscheidende Fahrt wurde von Zeppelin für den 4. August 1908 angesetzt.

Zur versprochenen Abnahme des Luftschiffes wurde von Berlin aus eigens eine Reichskommission gebildet, die nach Friedrichshafen fuhr. Kurz vor deren Ankunft am Bodensee machte der Kriegsminister, der sich auf seiner Urlaubsreise in die Schweiz befand, bei der Luftschiffwerft halt, um sich vom Gang der Dinge selbst zu überzeugen. Aber da geschah eine Panne. LZ 4 konnte nicht aus der Halle gezogen und gezeigt werden, weil der Wind gerade zu heftig blies. Auch der Reichskommission, die wenig später nach dem Minister eintraf, erging es nicht viel besser.

Die ganze 24-Stunden-Fahrt des LZ 4 schien unter keinem guten Stern zu stehen, und sie endete mit einer totalen Luftschiffkatastrophe. Aber Zeppelin stieg aus dieser Niederlage wie Phönix aus der Asche. Lassen wir uns von einem kompetenten Augenzeugen, dem Major Parseval, den Hergang der Luftschiffkatastrophe von Echterdingen schildern:

Endlich am 4. August war es so weit, daß die Fahrt unternommen werden konnte. Sie sollte zunächst über Basel rheinabwärts bis Mainz und zurück gehen, und zunächst schien alles herrlich zu glücken. Um 6 Uhr 10 Minuten vormittags startete das Schiff in Manzell, um 9 Uhr 30 Minuten war es in Basel, um 12 Uhr 30 Minuten in Straßburg, um 2 Uhr 5 Minuten wurde Speyer passiert, um 4 Uhr 30 Minuten Darmstadt.
Da versagte am vorderen Motor die Ölung, der Motor erhitzte sich übermäßig, und das Schiff war zu einer Zwischenlandung auf dem Rhein bei Nierstein in der Nähe von Oppenheim gezwungen ... Am Abend wurde

18 Niemand ahnte die Katastrophe, die wenige Stunden später das Luftschiff in Flammen aufgehen ließ und völlig vernichtete

das Schiff noch von den drei Schwestern des Kaisers besucht und fuhr um 11 Uhr 25 Minuten nach Mainz weiter. Dort wurde geschwenkt und Kurs nach Süden genommen; aber in der Nähe von Mannheim versagte der widerspenstige Motor zum zweiten Mal. Trotzdem wurde um 6 Uhr 23 Minuten Stuttgart erreicht. Hier kam das Luftschiff aber mit einem Motor gegen den Wind nicht mehr genügend vorwärts; auch war durch die große Hitze des vorigen Tages ein erheblicher Gasverlust eingetreten, und der Auftrieb ließ sehr zu wünschen übrig. Graf Zeppelin war daher zu einer Landung gezwungen, um den schadhaften Motor auszubessern. Das Lager einer Pleulstange war ausgeschmolzen, die Nähe der Daimlerwerke in Cannstadt bot zur Instandsetzung günstige Gelegenheit. Außerdem sollte Wasserstoff nachgefüllt werden. Die Landung vollzog sich glatt ohne Beschädigung bei dem Dorf Echterdingen. Freilich hatte man den besten Teil des Ankergerätes bei Oppenheim zurücklassen müssen, um freizukommen. Der Ballon wurde nun ..., durch Seile an eingeschlagenen Pfählen festgelegt. Aus Stuttgart wurden Soldaten zum Halten geholt, und so hielt sich das Luftschiff gut bis 3 Uhr nachmittags. Um diese Zeit setzte aber plötzlich eine heftige Gewitterbö ein, die das Schiff unglücklicherweise breitseits traf. [8, S. 42/43]

Indessen strömten Tausende von Schaulustigen auf die Filderebene von Echterdingen, um den Luftriesen mit eigenen Augen sehen zu dürfen. In aller Eile wurde dort ein wahres Volksfest mit Blasmusik und heißen Würstchen und Getränkebuden initiiert. Zeppelins demonstrative Abwesenheit vom Schauplatz stimulierte die mehr als 50 000 Zuschauer zu um so ungezwungener Betriebsamkeit und Geselligkeit. Niemand unter den Anwesenden ahnte auch nur im entferntesten, in welch tödlicher Gefahr sich das ungenügend vertäute Luftschiff in dem beängstigend zunehmenden Wind befand. Über das weitere Geschehen, das sich in wenigen Augenblicken abspielte, wollen wir einen weiteren Augenzeugen zu Wort kommen lassen:

Etwa zehn Minuten vor 3 Uhr setzte plötzlich aus westlicher Richtung, senkrecht zur Breitseite des Ballons, eine ungeheure Bö ein, die mit einem Ruck das Hinterteil des Ballons emporschnellte, die Mannschaften wegschleudernd oder hochhebend. Diese sprangen ebenso kurz darauf wie jene der vorderen Gondel aus zum Teil recht beträchtlichen Höhen ab, nachdem sie eine mehr oder weniger lange Strecke mitgeflogen waren ...
Der Ballon flog zunächst in östlicher Richtung weiter, stieg bis in eine Höhe von 150 m, verfing sich etwa 1 km vom Ankerplatz entfernt mit der Spitze in einer Baumreihe, und hier ging er in Flammen auf. [8. S. 43]

Wo war Graf Zeppelin in dieser schicksalschweren Stunde? Er saß ahnungslos im Gasthaus „Hirsch" in einem separat liegenden Zimmer, nahm dort einen kleinen Imbiß ein und erledigte einige

Korrespondenzen, vor allem mit der in Friedrichshafen weilenden Reichskommission.

Der Entsetzensschrei der Menschen, als das Luftschiff Feuer fing, erreichte auch den Grafen, und dieser brauchte nicht lange, um zu wissen, was er bedeutete. Zu Fuß eilte er an den Unglücksort, wo eine vom Entsetzen gelähmte Menschenmenge noch das Zusammenstürzen des ausgeglühten Gerippes verfolgen konnte. Ein Augenzeuge berichtete über das Erscheinen des Grafen:

In diese Bilder hinein schob sich schon der Anblick des durchgeglühten Wracks auf der Erde. Fast gleichzeitig aber erklang von der Straße her eine hohe, dünne, verzweifelte Stimme, die da rief: „Ich bin ein verlorener Mann . . .“
Als ich in die Richtung sah, aus der die Stimme kam, blickte ich in das totenblasse, breite Gesicht des Grafen Zeppelin, dessen großer, weißer Schnauzbart über seine Lippen hing. Seine weit aufgerissenen, klagenden Augen standen voller Tränen. Ich sah wie gebannt auf seine bebenden alten Hände, während er immer wiederholte: „Ich bin ein verlorener Mann.“ [11, S. 21]

Nach menschlichem Ermessen hätte die Echterdinger Luftschiffkatastrophe das Ende des starren Luftschiffes bedeutet. Doch zum Glück gab es auch diesmal kein Menschenleben zu beklagen – in dieser Beziehung schien ein guter Stern über dem Zeppelinprojekt zu stehen, solange es zivile Aufgaben erfüllte. Und nun zahlte sich die seit der triumphalen Schweizfahrt des LZ 4 anhaltende Popularität des Grafen Zeppelin aus. In einer bis dahin in der Geschichte der Luftfahrt beispiellosen Solidaritätsaktion sammelten Schulen, Vereine, Bürgerinitiativen und vor allem zahllose Einzelpersonen bis hin zu ganzen Betriebsbelegschaften Geld, um Zeppelin zur Weiterarbeit zu ermuntern und diese zu ermöglichen.

Bereits in den ersten Tagen nach der Brandkatastrophe gingen in Friedrichshafen, im Deutschen Haus, ganze Säcke voller Glückwünsche und Geldspenden ein. Aus der Fülle der Begleitschreiben für die überwiesenen Geldbeträge sei nur folgender zitiert, zeigt er doch, wie groß die Anteilnahme für das Schicksal Zeppelins im Volk war:

Graf Zeppelin, Luftschieff Friedrichshafen
Ich schick a 20 Pfenning, mehra trau i mir nett, sonst mirkst der Vater! Vieleicht find i no oan, der wo a was stifft.

Karl Brenninger, München [17, S. 142]

19 Gedenkstein für die Landung des Grafen Zeppelin in Echterdingen am 5. August 1908

Es gingen auch Geldspenden in Höhe von einigen zigtausend Mark ein, wie beispielsweise von den Stadtverordneten Stuttgarts. Binnen kürzerster Frist verfügte der Graf über die gigantische Summe von 6 096 555 Mark Goldmark.

Zeppelin brauchte nach der Vernichtung des LZ 4 in Echterdingen nur nach Hause zurückzureisen und die ankommenden Schecks einzulösen – doch wußte er zu diesem Zeitpunkt, als er den Zug nach Friedrichshafen bestieg, noch nichts von der ans Wunderbare grenzenden Wende des Schicksals. Im Gegenteil. Apathisch saß er allein in seinem Abteil und versuchte verzweifelt, den Vorgang des Unglücks zu rekonstruieren, während seine *Tochter Hella* ihn am Zielbahnhof erwartete.

Unter dem für Zeppelin überwältigenden Eindruck, den die Flut

an Glückwünschen bereits am Tage seiner Ankunft in Friedrichshafen in ihm auslöste, verfaßte er noch am Abend des darauffolgenden Tages einen Brief, der von fast allen deutschen Zeitungen veröffentlicht wurde und dessen Kerngedanke lautete:

Ich betrachte diese wundervolle nationale Demonstration als einen Befehl
meiner Landsleute, mit meinem Werk fortzufahren. [23, S. 46]

Bereits am nächsten Tag saßen Graf Zeppelin und sein engster
Mitarbeiterstab über den Plänen zum Bau eines neuen, des fünften „Zeppelin".

Später schätzte Zeppelin die Echterdinger Fahrt mit dem ihm
eigenen praktischen Scharfblick für das Luftschiff und dessen
Möglichkeiten folgendermaßen ein:

Man könnte sagen: Es war leichtsinnig, mit so wenig Erfahrungen überhaupt
solche Fahrten zu unternehmen. Ich muß das völlig zugeben.
Es sind eine Reihe von Fragen, die wir praktisch noch nicht beantwortet
hatten. Aber ich bin gedrängt worden durch die Lage. Meine Mittel waren
erschöpft; um weitermachen zu können, mußte ich es dahinbringen, daß
mir möglichst bald Fahrzeuge abgenommen wurden, das vorhandene und
das beschädigte; auch um Raum zu bekommen zum Weiterbauen. [26, S. 311]

Die Gründung der DELAG,
der ersten zivilen Luftverkehrsgesellschaft
der Welt, durch Zeppelin (1908–1914)

Zeppelin ging, nachdem er mit dem Geld der Volksspende die
„Zeppelin-Stiftung zur Förderung der Luftschiffahrt" errichtet hatte, unverzüglich und mit der ihm eigenen Umsicht, Zielstrebigkeit
und Tatkraft an die Weiterführung seines Luftschiffprojektes.
Bereits am 1. Oktober 1908 gründete er in Friedrichshafen die
„Luftschiffbau-Zeppelin GmbH", wo sofort LZ 3 modernisiert
und der Bau des fünften starren Luftschiffes begonnen wurde.
LZ 3 wurde um 8 m von 128 m auf 136 m verlängert und erhielt
eine zusätzliche Traggaszelle, wodurch sich das Volumen des
Ballons von bisher 11 300 m³ auf 12 200 m³ erhöhte. Dadurch
konnte die Nutzlast um 100 kg gesteigert werden. Auch die An-
triebsmotoren für das Luftschiff wurden ausgetauscht. Statt der
bisher verwendeten zwei 66-kW-Motoren baute man nun zwei
75-kW-Motoren ein.
Die erste Fahrt des umgerüsteten LZ 3 fand am 23. 10. 1908
statt und verlief erfolgreich. Zeppelin unternahm noch mehrere

Probefahrten mit ihm, wovon die bedeutendste etwa 8 Stunden dauerte, an ihr nahmen 25 Personen teil.

Diese flugtechnischen Leistungen überzeugten die Heeresleitung von der möglichen Verwendbarkeit des starren Luftschiffes, und der Kaiser bestätigte am 10. November 1908 anläßlich eines Besuches in Manzell (bei dieser Gelegenheit bezeichnete der Kaiser Zeppelin als den „größten Erfinder aller Zeiten") die Übernahme dieses Luftschiffes durch das kaiserliche Heer. Es führte von nun an die Heeresbezeichnung Z I und sollte das am längsten in Dienst stehende Luftschiff Zeppelins werden. Es wurde erst im März 1913 abgewrackt, weil es mittlerweile gegenüber den neuen Zeppelin-Typen so veraltet war, daß an eine erneute Modernisierung nicht zu denken war.

Parallel zu den Arbeiten am LZ 3 wurde in Manzell mit dem Bau des fünften Zeppelinschen Luftschiffes begonnen, das das Heer in Auftrag gegeben hatte und das es zu kaufen versprach, wenn es die 24-Stunden-Fahrt, eine Steighöhe auf 1200 m und eine Landung auf festem Boden nachweisen könne.

Das Konstruktionsteam um Ing. Dürr verzichtete aus Zeitgründen auf grundlegende Änderungen am Schiffskörper gegenüber demjenigen des bei Echterdingen verbrannten LZ 4, aus dessen Aluminiumwrackteilen – das sei hier nur am Rande erwähnt – Zeppelin inzwischen Medaillen mit seinem Bildnis und der Aufschrift „Geprägt aus den Resten des LZ 4 . . ." herstellen und äußerst gewinnbringend verkaufen ließ.

Die Bauarbeiten am LZ 5 währten fast ein halbes Jahr, und am 26. Mai 1909 erfolgte die erste Probefahrt über dem Bodensee. Bereits drei Tage später, erstmals nachts, wagte Zeppelin eine vorher nicht angekündigte Fahrt in Richtung Norden. Es schien, als wolle er das mehr als 600 km entfernt liegende Berlin erreichen. Doch nach 4/5 der Entfernung bis Berlin, in Bitterfeld, über dem Gelände der Luftfahrzeug-Gesellschaft, die eng mit Parseval liiert war, kehrte er überraschenderweise wieder um. Es hatte sich aber schon bis nach Berlin herumgesprochen. „Zeppelin kommt!" Tausende Berliner, die auf dem Tempelhofer Flugfeld und in den Straßen der Hauptstadt ungeduldig und mit großer Spannung auf den Luftriesen warteten, wurden auf diese Weise arg enttäuscht. Auch die Kaiserfamilie, die sich das Schauspiel nicht entgehen lassen wollte, war enttäuscht.

Zeppelin indes steuerte sein Luftschiff heimwärts nach Friedrichshafen. Unterwegs mußte LZ 5 notlanden – peinlich, wenn das in Berlin passiert wäre –, kam aber aus eigenen Kräften wieder in die Luft und landete wohlbehalten auf dem Bodensee. Die gesamte Fahrt nach und von Bitterfeld wurde vom deutschen Volk mit großer Anteilnahme und Begeisterung verfolgt. Wiederum erreichten Zeppelin zahlreiche Glückwünsche aus allen Kreisen der deutschen Bevölkerung.

LZ 5 blieb insgesamt 38 Stunden in der Luft und erfüllte damit die wichtigste Bedingung für den Kauf durch das Heer. Es wurde kurz darauf unter der Heeresbezeichnung Z II nach Köln überführt und diente als Schulschiff. Es stellte später für die Weiterentwicklung der Funktechnik einen Meilenstein dar, weil an Bord dieses Schiffes eine von TELEFUNKEN gebaute Funkstation ihre erste Bewährungsprobe einwandfrei bestand, nachdem schon Jahre vorher ähnliche Versuche der preußischen Luftschifferabteilung mit Ballons und seit 1907 mit den Großschen Militärluftschiffen (M-Schiffe genannt) z. T. erfolgversprechend ausgingen. Die installierte Antennenleistung der im Z II eingebauten Funkstation betrug immerhin 300 W, die eine Reichweite von 150 km ermöglichte. Während der Überführung nach Köln besuchte LZ 5 die Internationale Luftfahrtausstellung in Frankfurt am Main, wo es für internationales Aufsehen sorgte, indem es mehrmals zu Touristenreisen nach Bonn und Köln einlud. Weitere Luftschiffe wollte das Heer nicht kaufen, weil die Anschaffungskosten von über 500 000 Reichsmark verglichen mit den zu erwartenden militärischen Ergebnissen offenbar zu hoch waren. Die Kaiserliche Flotte stand damals den Zeppelinen skeptisch gegenüber.

Noch im Sommer des gleichen Jahres wurde das sechste Luftschiff Zeppelins fertiggestellt und auf die vielversprochene Berlinfahrt vorbereitet. Im Unterschied zu seinen noch in Betrieb befindlichen Schwesternschiffen LZ 3 und LZ 5 hatte es noch keine Käufer gefunden.

In seinen geometrischen Abmessungen unterschied sich das neue Luftschiff nicht von seinen Vorgängern, aber es hatte stärkere Motoren, die jeweils rund 85 kW Leistung erbrachten.

Am 26. August 1909 stieg LZ 6 in Manzell auf und landete zwei Tage später in Bitterfeld, um hier den Grafen aufzunehmen, der die weitere Führung des Luftschiffes übernahm. In Berlin erwar-

20 Luftschiff LZ 6. Deutlich sind die verbesserten Steueranlagen am Heck des Schiffes zu erkennen. Im Hintergrund befindet sich die „Reichshalle"

tete am darauffolgenden Tag fast eine Million Menschen das Luftschiff. Es fuhr von Potsdam her über die westlichen Vororte nach Berlin. Auf dem Tempelhofer Feld warteten fast 300 000 Zuschauer. Das Luftschiff näherte sich ihnen in einer Höhe von knapp einhundert Metern, verharrte über der riesigen Menge und neigte vor der Ehrentribüne seinen Bug zum Gruß. Nach einer Schleifenfahrt landete der Zeppelin nachmittags auf dem Schießplatz in Tegel, wohin sich auch der Kaiser begeben hatte.
Die gesamte Fahrt nach Berlin, der begeisterte Empfang dort und die glückliche Heimkehr zum Bodensee gestalteten sich zu einem wahren Triumph für Zeppelins Idee und dessen persönlichen Mut. Höhepunkt der offiziellen Ehrungen anläßlich dieser Deutschlandfahrt war der Besuch von Mitgliedern des Bundesrates, des Reichstages und Abgeordneter verschiedener deutscher Städte am 4. September in Friedrichshafen. Nach der Besichtigung der Werftanlagen und Starthallen durften mehr als einhundert Besucher in insgesamt 6 Fahrten die Tüchtigkeit des Zeppelinschen Luftschiffes selbst erleben. Ein Teilnehmer dieser Fahrten schilderte seine Eindrücke später in folgenden Worten:

Noch hat sich das Luftschiff nicht erhoben. Die Abgeordneten plaudern und scherzen noch mit ihren am Platze stehenden, neidisch zu uns in das Luft-

21 Das Luftschiff LZ 6 über Berlin (28. August 1909)

schiff hinaufblickenden Kollegen ... Inzwischen hat Graf Zeppelin selbst
Platz genommen. An Hand der Liste informiert er sich, ob er die ausgelosten
Herren auch tatsächlich an Bord hat. Dann gibt er das Signal zum Aufstieg,
und federleicht erhebt sich der Koloß mit seinen Passagieren. Ich habe
manchen hohen Berg bestiegen, kann mich aber vollständiger Schwindel-
freiheit nicht rühmen. Bei dieser Fahrt dagegen habe ich nicht im entferntesten auch nur eine Anwandlung von Schwindel bekommen. Wie auch
übereinstimmend die übrigen Fahrtteilnehmer bestätigten, hatten wir alle
das Gefühl absoluter Sicherheit. Der Moment, wie das Fahrzeug sich in die
Luft erhob, erinnerte mich lebhaft an das Gefühl, das ich oft hatte, wenn
ich in meiner Jugend im Traume samt meinem Bette geflogen bin. Allerdings darf nicht vergessen werden, daß der 4. September von denkbar
schönstem Wetter begünstigt war und daß insbesondere kein Wind oder
Sturm den Genuß beeinträchtigte. Wenn etwas den idealen Genuß einer
solchen Luftfahrt stören oder beeinträchtigen konnte, so war es höchstens
das sehr starke Geräusch der Propeller, das es den Fahrgästen schwer
machte, sich gegenseitig zu verständigen. [29, S. 22]

Aber so sehr die Anwesenden und die Beobachter von den Fahrten der Luftschiffe begeistert waren – so wenig waren sie bereit,
Zeppelin ein Luftschiff abzukaufen oder einen Kauf wenigstens
in Aussicht zu stellen. Daran änderte auch der spektakuläre Besuch des LZ 6 auf der ILA in Frankfurt a. Main am 11. September 1909 vorerst wenig.

106

Auf Anregung von Dr. Colsmann, dem Schwiegersohn des Aluminiumlieferanten Carl Berg, gründete Zeppelin am 16. November 1909 die „Deutsche Luftschiffahrtsaktiengesellschaft" (Delag) mit dem Ziel, ein Netz der zivilen Luftschiffahrt aufzubauen. Die Delag erhielt ihren Sitz in Frankfurt a. Main, dessen Oberbürgermeister, Franz Adickes, ein begeisterter Förderer des zivilen Luftverkehrs war. Frankfurt bot sich auch deshalb als Sitz des Unternehmens an, da hier schon damals ein Zentrum der chemischen Industrie (Gasfüllung) und des Tourismus bestand. Adickes wurde zum ersten Aufsichtsratsvorsitzenden der Delag gewählt.

An der Finanzierung des neuen Unternehmens beteiligten sich auch mehrere andere Gesellschaften, an deren Spitze die „Hamburg-Amerikanische Packetfahrt-Actiengesellschaft" (HAPAG) stand. Die Hapag sicherte der Delag weitgehende Unterstützung z. B. bei der Buchungs- und Verkaufsorganisation für die geplanten Passagierfahrten zu. Auch einige Versicherungsgesellschaften versprachen ihre Mitarbeit in der Delag.

Die Gründung der Delag, deren Direktor Dr. Colsmann und deren Prokurist Dr. Hugo Eckener waren, stellte einen entscheidenden Höhepunkt in der Geschichte der Luftfahrt dar. Sie war das erste zivile Luftverkehrsunternehmen der Welt überhaupt. Es gehört zu Zeppelins bleibendem Verdienst, in dieser Form zur friedlichen Nutzung der Luftschiffahrt beigetragen zu haben.

In späteren Jahren wurden in fast allen Ländern nationale Luftverkehrsgesellschaften gebildet. Sie alle nutzten die reichen Erfahrungen der Delag.

Die Zukunft der Delag hing in erster Linie davon ab, ob es gelang, alle größeren Städte Deutschlands in das geplante Luftverkehrsnetz einzubeziehen. Colsmann nahm deshalb sofort mit allen in Frage kommenden Orten Verbindung auf mit dem Ziel, Landerechte zu erwerben und Luftschiffhallen zu errichten.

Im Ergebnis dieser Bemühungen wurde 1913 die „Zeppelin-Hallenbau-GmbH" gegründet. Es entstanden zwischen 1910 und 1914 zivile Luftschiffhallen in Düsseldorf, Gotha, Baden-Baden, Potsdam, Frankfurt, Hamburg, Leipzig und Dresden. Somit gab es bereits vor dem ersten Weltkrieg in Deutschland zum ersten Mal in der Geschichte der Luftschiffahrt Ansätze für ein nationales Luftverkehrsnetz.

Die Delag ging aber noch weiter. Sie traf Vorbereitungen, einen

22 Delag-Luftschiff „Sachsen“ vor der Luftschiffhalle Dresden-Kaditz im Oktober 1913. Die Bergehalle mit den riesigen Drehtoren wurde in nur eineinhalbjähriger Bauzeit durch den „Zeppelin-Hallenbau GmbH Berlin“ errichtet

die ganze Welt umfassenden Luftverkehr ins Leben zu rufen. Deshalb führten Colsmann, Dürr, Eckener und Zeppelin Verhandlungen mit Städten in der Schweiz, Österreich und Dänemark.

23 Das „Flaggschiff“ der „Deutschen Luftschiffahrts-Aktiengesellschaft“ (Delag) – die „Sachsen“

Den Einsatz des Zeppelin-Luftschiffes für wissenschaftliche
Zwecke hatte Zeppelin bereits in seinen ersten Skizzen in den
siebziger Jahren des vorigen Jahrhunderts erwogen. Spätestens
1907 regte ihn Hergesell an, im hohen Norden einen Luftschiff-
hafen zu bauen, der als Basislager für geographische, meteorologische und biologische Exkursionen dienen sollte.
Deshalb unternahm Zeppelin gemeinsam mit dem Meteorologen Prof. Hergesell und Prinz Heinrich von Preußen im Sommer eine Studienfahrt nach Spitzbergen, um geeignete Lande-
plätze für Luftschiffe ausfindig zu machen. Ein weiteres Ziel der
Dampferfahrt nach Spitzbergen war die Vorbereitung der Pol-
überquerung mit einem Luftschiff. Mit einer solchen Reklame-
fahrt wollte er vor aller Welt auf sein Luftschiffprojekt aufmerksam machen.
Die Delag kann für sich in Anspruch nehmen, zwei weitere
Schritte in Richtung des technischen Fortschritts getan zu haben,
auf die wir jedoch im Rahmen dieses Büchleins nicht weiter ein-
gehen können, nämlich die Errichtung eines meteorologischen
Systems in ganz Deutschland, das bald weltweite Ausdehnung
fand, und die Schaffung der Luftpost mit speziellen Postämtern
an Bord, deren Stempel besonders unter den Souvenirsammlern
begehrt waren.
Die Delag vergab Bauaufträge für Luftschiffe ausschließlich an
die in Friedrichshafen angesiedelte „Luftschiffbau Zeppelin
GmbH", sperrte sich aber nicht gegen eine mögliche Einführung
von Flugzeugen in den im Aufbau begriffenen Liniendienst, falls
deren technische Entwicklung das ermöglichte. Im Gegenteil. Sie
förderte die Flugzeugentwicklung nachhaltig, weil sich Zeppelin
dadurch eine weitere Aufwertung seiner Luftverkehrsgesellschaft
versprach. Deshalb beteiligte sich Zeppelin engagiert an der
Gründung der „Flugzeugbau Friedrichshafen GmbH", die 1912
erfolgte. Technischer Leiter wurde Zeppelins einstiger enger Mitarbeiter Ingenieur Kober. Zwei Jahre später, im Jahre 1914,
gründete Zeppelin in Lindau am Bodensee die „Zeppelin Werke
Lindau GmbH". Technischer Leiter war der später sehr erfolgreiche Flugzeugbauer Claudius Dornier, der bereits 1910 zum
Luftschiffbau Zeppelins kam. Damals regte ihn Zeppelin an,
wasserlandende Flugzeuge zu bauen, und er stellte Dornier eine
kleine Versuchshalle auf seinem Gelände in Manzell zur Verfü-

gung. Und noch an einer dritten Flugzeugwerft war Zeppelin
maßgeblich beteiligt, und zwar im „Versuchsbau Gotha-Ost", die
später im „Zeppelin Staaken" aufgingen. Dort begannen 1914 die
Arbeiten für ein zweimotoriges Großflugzeug, an dessen erfolg-
reichem Probeflug ein Jahr später der mittlerweile 77jährige Graf
persönlich teilnahm.
Spätestens seit 1909 machte Zeppelin kein Hehl mehr daraus, das
Monopol in der Luft erringen zu wollen. Zu diesem Zweck förderte
auch sein anderes, aus der „Zeppelin-Stiftung" hervorgegangenes,
Unternehmen, die „Luftschiffbau Zeppelin GmbH", das Entstehen von weiteren Tochtergesellschaften. Hervorzuheben sind
hierbei vor allem die von Karl Maybach, dem Sohn des Daimler-
Konstrukteurs Wilhelm Maybach, geleitete „Luftfahrzeug-Moto-
renbau GmbH" in Bissingen (gegr. am 23. 3. 1909 und Verlegung
nach Friedrichshafen im Jahre 1912), die in Berlin-Tempelhof im
selben Jahr gegründete „Ballonhüllen GmbH" und die unter der
Leitung von Graf von Soden-Frauenhofen arbeitende „Zahnrad-
fabrik Friedrichshafen" (gegr. am 20. 8. 1915). Soden-Frauenhofen war im Jahre 1910 zum Leiter der Versuchsabteilung im
„Luftschiffbau Zeppelin" ernannt worden.
Innerhalb des Stammbetriebes des Zeppelin-Konzerns verselbstän-
digten sich die Abteilungen Metallwerk, Gießerei und Gaswerk
am raschesten. Die Anzahl der Arbeiter Zeppelins stieg von ca. 60
im Jahre 1908 auf über 800 zu Beginn des Jahres 1914. An dieser
Stelle sei auf einen Absatz aus dem Aufruf des VDI vom Jahre
1896 erinnert:

Der technische Erfolg (des Luftschiffbaus – M. B.) wird zweifellos Allge-
meingut werden und würde sich nicht zugunsten der einzelnen Unternehmer
monopolisieren lassen. [39, S. 2]

Wenden wir uns nun wieder dem Luftschiffbau Zeppelins zu.
Gegen Ende des Jahres 1909 waren das Werksgelände und die
Konstruktionsbüros in Friedrichshafen so weit vollendet, daß
die Zeppelin-Luftschiffe von nun an hier gebaut werden konnten.
Das erste im Auftrag der Delag in Friedrichshafen und speziell
für den Passagierdienst gebaute Luftschiff war LZ 7, das wie
alle künftigen Delag-Luftschiffe einen zusätzlichen Namen erhielt. LZ 7 wurde auf den Namen „Deutschland" getauft. Es war
12 m länger als seine Vorgänger und hatte einen um einen Meter

größeren Durchmesser. Es besaß 18 Traggaszellen. Erstmals wurde für das Material der Ballonetts Goldschlägerhaut verwendet, das aus dem Blindarm von Rindern gewonnen wurde und bessere Haltbarkeit und größere Dichtheit versprach als der bisher verwendete gummierte Baumwollstoff. Solche Goldschlägerhaut war schon Jahrzehnte vorher von englischen Ballonpiloten erfolgreich erprobt worden.

Das Ballonvolumen betrug 19 300 m³, wodurch die Nutzlast auf 6,8 t und die maximale Steighöhe auf 1 800 m gesteigert werden konnten. Das Luftschiff „Deutschland" war mit drei Daimler-Motoren von jeweils knapp 90 kW ausgerüstet, die dem Zeppelin eine Höchstgeschwindigkeit von 16,7 m/s ermöglichten. Die Steuerflächen bestanden nur aus Einzelflächen.

Die erste Fahrt des LZ 7 fand am 19. Juni 1910 statt. Auf insgesamt sieben Passagierfahrten wurden unter der Führung von Dr. Dürr immerhin 212 Personen befördert und 1 035 km zurückgelegt. Allerdings erlitt auch die „Deutschland" ein unrühmliches Ende. Am 28. Juni 1910 strandete das Luftschiff (an Bord befanden sich zwanzig internationale Pressevertreter) in den Bäumen des Teutoburger Waldes. Glücklicherweise gab es aber auch bei dieser unfreiwilligen Landung keine Verletzten.

Gleichzeitig zum Neubau des LZ 7 war LZ 6, nachdem es von der Delag übernommen wurde, modernisiert worden. Dieses Luftschiff erhielt die ersten Vertreter einer neuen Motorengeneration, die Karl Maybach konstruiert hatte. Jeder einzelne erreichte reichlich 100 kW. Im Passagierdienst der Delag wurden 34 Fahrten, meist Rundfahrten von Baden-Oos nach Mannheim und Stuttgart und zurück, unternommen, an denen insgesamt 726 Passagiere (ohne Fahrpersonal) teilnahmen. Am 12. September 1910 verbrannte dieses Luftschiff durch Leichtsinn des Bedienungspersonals in Baden-Oos, ohne daß Opfer zu beklagen gewesen wären.

Aus den Resten des im Teutoburger Wald gestrandeten und abgewrackten LZ 7 sowie mit Versicherungsgeldern wurde gegen Ende des Jahres 1910 mit dem Bau des achten Zeppelins begonnen, der den Namen „Ersatz Deutschland" erhielt und eine getreue Nachbildung seines Vorgängers war. Seine Jungfernfahrt erlebte dieses Luftschiff am 30. März des Jahres 1911. Auf 24 Fahrten, die unter der Führung Eckeners stattfanden, wurden

129 Passagiere befördert, bevor das Luftschiff am 16. Mai des
gleichen Jahres in Düsseldorf wegen einer Havarie beim Manövrieren vor der Halle ebenfalls abgewrackt werden mußte.

Kaum zwei Monate nach dieser Havarie wurde das zehnte Luftschiff Zeppelins fertig, das den Namen „Schwaben" erhielt und
in den Dienst der Delag übernommen wurde. Dieses Luftschiff
leitete eine neue Epoche in der Geschichte der Luftfahrt ein, die
eigentliche Epoche der zivilen Luftfahrt bis 1914.

Die „Schwaben" war 140 m lang, maß 14 m im Durchmesser und
besaß drei der neuen im „Maybach-Motorenbau" gebauten May-
bach-CX-Motoren von jeweils mehr als 100 kW Leistung bei
1 100 Umdrehungen pro Minute. Sie verliehen dem Luftschiff
eine Geschwindigkeit von etwa 21 m/s bei einer möglichen Reichweite von 1 600 km.

Auch der Komfort für die zahlenden Passagiere konnte sich
sehen lassen. Ihnen wurden in einer abgeschlossenen Kabine, die
die unliebsamen Geräusche dämpfte und vor Unwettern schützte,
mehrere kalte Speisen und einige ausgewählte Weine sowie Sekt
serviert. Dafür hatte man eigens einen Steward engagiert.

Die „Schwaben" fuhr genau ein Jahr und zwei Tage für die
Delag und beförderte in dieser Zeit 4 354 Personen, davon 1 553
zahlende. Doch auch die „Schwaben" hatte ein unrühmliches
Ende, denn als sie am 28. Juni 1912 in Düsseldorf nach der
Landung in die Halle gebracht werden sollte, explodierte das
gesamte Schiff und tötete 41 der mehr als einhundert herbeigeru-
fenen Soldaten. Die Passagiere und die Besatzung hatten sich
wie durch ein Wunder bereits vorher fluchtartig in Sicherheit
bringen können.

Im Jahre 1912 konnte die Delag zwei weitere Luftschiffe in
Dienst stellen, die „Viktoria Luise" (LZ 11) und die „Hansa"
(LZ 13), die beide ihren Heimathafen in Hamburg hatten, wodurch der bisher von der Delag noch nicht erschlossene nord-
deutsche Raum ein luftfahrttechnisches Zentrum erhielt.

Die „Viktoria Luise" glich in vielen technischen Parametern der
„Schwaben"; sie unterschied sich vor allem von ihr durch lei-
stungsfähigere Motoren von jeweils 125 kW. Auch die Leitwerks-
anordnung war verbessert worden. Die „Viktoria Luise" führte
unter der Delag insgesamt 489 Fahrten aus und beförderte dabei
die respektable Zahl von 2 995 zahlenden Passagieren und ins-

24 Graf Zeppelin an Bord des Luftschiffes „Sachsen" beim Landen

gesamt 9 783 Personen, was sie zum erfolgreichsten Luftschiff der Delag überhaupt machte. „Viktoria Luise" fuhr ihre Jungfernfahrt am 19. Februar 1912. Sie gehörte der Delag bis zum 31. 7. 1914, ehe sie an die Heeresverwaltung abgegeben werden mußte. Dort diente sie als Ausbildungsschiff für Kriegsluftschiffer und hatte ihren Standort wechselweise in Leipzig, Dresden und Liegnitz. Am 15. Juni 1915 konnte der Kommandant des Luftschiffes an Zeppelin die eben absolvierte erfolgreiche tausendste Fahrt melden. Ein Vierteljahr später, am 8. Oktober 1915, zerbrach die „Viktoria Luise" beim Einbringen in die Halle und wurde daraufhin abgewrackt.

Ein ähnliches Schicksal wie die „Viktoria Luise" erlebte deren Schwesternschiff, die „Hansa", die am 30. Juli 1912 ihre erste Fahrt im Auftrag der Delag absolvierte. Auch sie blieb bis zum Kriegsbeginn im zivilen Dienst. Hier brachte sie es auf 399 Fahrten mit 2 187 zahlenden Passagieren, wobei 44 437 km zurückgelegt wurden.

Die „Hansa" wechselte ihren Heimathafen ebenfalls mehrfach, nämlich zwischen Hamburg, Gotha, Potsdam und Leipzig. Im Heeresausbildungsdienst wurde sie darüber hinaus noch nach Dresden, Berlin und Jüterbog verlegt.

Die bedeutsamste Fahrt der „Hansa" war am 19. September 1912. An jenem Tage fuhr das Luftschiff zum ersten Mal über die deutsche Grenze und landete erstmals außerhalb Deutschlands, nämlich auf dem Flugplatz Klovermarken (Kleefeld) bei Kopenhagen. In der Führergondel befanden sich Graf Zeppelin und Hugo Eckener. Ihr fester, ausgeprägter Vorsatz, mit dieser Fahrt die friedlichen Verwendungsmöglichkeiten der Zeppeline als länderverbindendes Verkehrsmittel zu demonstrieren, ist unbestritten. Ebenso unbestritten aber war der krasse Gegensatz zwischen diesem Vorsatz der beiden in Wolkennähe dahinfahrenden Luftschiffpioniere und der bereits weitgehend durch ideelle kriegerische Auseinandersetzungen vergifteten Atmosphäre auf der Erde: In Norwegen und Schweden wurden ihnen die Landerechte verweigert; bei der Landung in Dänemark wurde das Luftschiff durch einen militärischen Kordon isoliert. Vor den skandinavischen Häfen lagen Schiffe der englischen Kriegsflotte, und Kontakte der Bevölkerung mit den Deutschen waren bereits unerwünscht.

Im letzten Friedensjahr bekam die Delag noch ein weiteres Luftschiff, die „Sachsen" (LZ 17), die in Leipzig beheimatet war. Sie unternahm ihre erste offizielle Fahrt am 3. Mai 1913. Auch sie teilte das Schicksal ihrer Schwesternschiffe: Am 1. August 1914 wurde sie in den Heeresdienst übernommen und diente als Ausbildungsschiff, nachdem sie bereits ein halbes Jahr vorher probeweise in Dresden als Ausbildungsschiff für die Marine genutzt wurde.

Die „Sachsen" absolvierte unter der Delag 419 Fahrten und beförderte dabei 2 465 zahlende Passagiere. Dabei legte sie 39 919 Fahrtkilometer zurück und blieb 741 Stunden in der Luft. Mit der „Sachsen" fuhr Graf Zeppelin im Juni nach Österreich und landete in Wien, wo er begeistert empfangen wurde.

Abgesehen von der beachtenswerten körperlichen und psychischen Leistung, die der 75jährige Zeppelin während dieser 9-Stunden-Fahrt bewies, demonstrierte er mit dieser Fahrt wiederum – nunmehr zum letzten Mal – daß er seine Erfindung in den Dienst des friedlichen Luftverkehrs stellen wollte. Später, nach Kriegsausbruch, hat er dazu gesagt:

Dieser Krieg kommt mir gar nicht zupaß, wir hatten ganz andere Pläne. Wir wollten mit dem Luftschiff auf das Meer hinaus und einen Weltverkehr eröffnen. [21, S. 51]

Der Ausbruch des ersten Weltkrieges im Sommer des Jahres 1914 bereitete allen derartigen Überlegungen, Bestrebungen und praktischen Ansätzen ein jähes Ende. Die Delag, das erste zivile Luftverkehrsunternehmen der Welt, wurde kurzerhand aufgelöst und alle Luftschiffe in Kriegsdienst gestellt. Von nun an dienten die drei Delag-Luftschiffe „Viktoria Luise", „Hansa" und „Sachsen" ausschließlich der Ausbildung neuer Luftschiffer für die Kriegszeppeline.

Eine erfolgversprechende fortschrittliche und völkerverbindende Entwicklung auf dem Gebiet der Luftfahrt wurde brutal unterbrochen. Von nun an galten auch für das Zeppelinprojekt ganz andere Maßstäbe. Nützlich und gut, im Interesse der Gesellschaft und hilfreich für das Vaterland war nur noch, was dem imperialistischen Krieg diente.

Wie Millionen andere blieb auch Graf Zeppelin von dieser Entwicklung nicht unberührt. Er sah nun die Sinnerfüllung seiner Luftschiffe in ihrem Einsatz als Waffensystem. Auch er verschloß sich nicht den chauvinistischen Gedanken und Gefühlen gegenüber den Nachbarvölkern.

Als der wahre Charakter des Krieges mit seinen menschenfeindlichen Zielen offenbar wurde, hatte er nicht mehr die Kraft, sich davon loszusagen. Im Gegenteil. Mit der ihm eigenen Sturheit, die in früheren Jahren für den Schutz und das Voranbringen seiner Erfindung so nützlich gewesen war, hing er Gedanken und Vorstellungen an, die nicht nur stockreaktionär waren und die Tatsachen ignorierten, sondern auch eine erschreckende Menschenfeindlichkeit zeigten.

Zwar erlebte der Luftschiffbau durch den Bau der Kriegszeppeline einen kurzzeitigen und äußerst fragwürdigen Aufschwung — der Mißkredit aber, in den die Luftschiffidee und damit die gesamte deutsche Luftschiffahrt während des Krieges in aller Welt geriet, war dagegen viel schwerwiegender.

Der Mißbrauch der Zeppeline im ersten Weltkrieg, der Tod Zeppelins und das vorläufige Ende der Luftschiffahrt (1914–1918)

Für Ferdinand von Zeppelin stand von Anfang seiner Ideen über das Luftschiff fest, daß die Luftschiffe auch im modernen Kriegswesen Verwendung finden müßten. Hugo Eckener charakterisierte diese Einstellung Zeppelins mit folgenden Worten:

Dieser Gedanke, daß der Lenkballon ein sehr wichtiges Instrument der
künftigen Kriegsführung werden würde und daß deshalb Deutschland keine
Anstrengungen scheuen dürfe, seinen Nachbarn in dieser Beziehung überlegen zu werden, beginnt den Grafen von nun an mehr und mehr zu beherrschen, und er ist es, der ihn treibt, seine ... Kräfte auf die Konstruktion
eines Luftschiffes zu richten, das allen militärischen Anforderungen genügen
sollte. [4, S. 107]

Zunächst schien es Zeppelin, als seien Luftschiffe lediglich für
Aufklärungsfahrten in feindliches Gebiet geeignet. Er mag dabei
von seinen eigenen Erfahrungen aus dem amerikanischen Sezessionskrieg, dem deutsch-französischen Krieg und der Belagerung
von Paris ausgegangen sein. Als kluger Militär erkannte er
schneller als andere die Vorteile einer möglichen Luftaufklärung
gegenüber den bisher im Militärwesen üblichen wagemutigen
Patrouillenritten hinter die feindlichen Linien. Aus der Luft
konnte man weitaus größere Flächen beobachten und befand sich
außerhalb der Reichweite gegnerischer Geschütze und Scharf-
schützen.
Für Zeppelin stand von Anfang an fest, daß mittels Luftschiffen
ganze Truppenteile und Stäbe verlegt und, wie Zeppelin bereits

25 Führergondel eines Heeresluftschiffes. Bis zu 200 Mann waren für die
Landung und das Einhallen eines „Zeppelin-Kreuzers" notwendig. Am
oberen Bildrand ist ein Teil des Tragkörpers zu erkennen

116

im Jahre 1893 in einer Denkschrift an den Generalstabschef von Schlieffen schrieb, „feindliche Festungen und Truppenansammlungen ... mit Geschossen" beworfen werden könnten.
Als eine weitere militär-taktische Einsatzmöglichkeit plante Zeppelin, die eigenen Truppen aus der Luft zu kommandieren. Um die Mitte des ersten Jahrzehnts unseres Jahrhunderts, als wegen verbesserter Motoren und anderer neuartiger technischer Detaillösungen die Geschwindigkeit, die Reichweite und die Nutzlast wesentlich gesteigert werden konnten, griff Zeppelin die Idee auf, das Luftschiff als taktisches Kriegsinstrument zu benutzen. So entstanden die Kriegszeppeline, die zunehmend als Bombentransporter konzipiert wurden. Zeppelin plante, lange bevor L 59 tatsächlich nach Ostafrika fuhr, den Einsatz von Luftschiffen im Kolonialkrieg. Dort würde sich, so meinte er, der psychologische Schock, den ein Luftschiff auf die „Eingeborenen" hervorrufen würde, taktisch auszahlen. [25, S. 26]
Im Einklang mit führenden militärischen Kreisen im kaiserlichen Deutschland nutzte Graf Zeppelin die technische Überlegenheit seines Luftschiffprojektes gegenüber anderen Luftschifftypen in England und Frankreich für seine nationalistische Propaganda aus, die seine Persönlichkeit in einem zwiespältigen Licht erscheinen läßt. Der deutsche Kronprinz schloß sich dieser imperialistischen Ideologie an und prägte kurz vor Kriegsausbruch die Losung von der „deutschen Vorherrschaft zur Luft". Damit begründete er die Ausweitung des Raumes für kriegerische Auseinandersetzungen von Land und Meer auf die Atmosphäre. Generalstabschef Helmut v. Moltke forderte in diesem Sinn in einem vertraulichen Schreiben an den Generalinspekteur der Verkehrstruppen von Werneburg am 2. 1. 1912, daß das Zeppelinsche Luftschiff energischer als bisher zu fördern sei.
Von nun an wurde der Zeppelin-Luftschiffbau in das gigantische Aufrüstungsprogramm des kaiserlichen Deutschlands aufgenommen, und es begannen riesige Kapitalmengen in das Zeppelinmonopol zu fließen.
Von den zwischen 1912 und Kriegsbeginn insgesamt gebauten zwölf Zeppelinen waren allein elf Kriegsluftschiffe.
Binnen kürzester Zeit wurden von Heer und Flotte über 25 Luftschiffhallen, vor allem im Westen Deutschlands, gebaut. Aber auch in den mit Deutschland verbündeten Ländern wurden Luft-

schiffhallen errichtet, so auf dem Balkan in Jamboli und in Szentandras bei Temesvar. Später wurden dann auch in den besetzten Ländern Luftschiffhallen errichtet, so in Brüssel, Maubeuge, Warschau und Kowno.

In den Kommandozentralen des wilhelminischen Deutschland war man sich über die Verwendbarkeit von Luftschiffen in einem künftigen Krieg nicht einig. Während z. B. der Generalstab der Armee sowohl unter Schlieffen als auch unter Moltke d. J. das Zeppelin-Luftschiff gegenüber dem Prall- und Militärluftschiff (System Groß-Basenach) favorisierte und schon frühzeitig den möglichen Wert von Flugzeugen erkannte, bremste die General-Inspektion des Verkehrswesens, und davon beeinflußt auch das Kriegsministerium, diese Entwicklung. Im Ergebnis dieser z. T. hart und bürokratisch geführten Auseinandersetzungen blieb die Flugzeugentwicklung bis zum Beginn des ersten Weltkrieges erheblich zurück.

Zu Beginn des Krieges besaß die Militärverwaltung neben den drei umgerüsteten ehemaligen Delag-Luftschiffen, die jetzt als Schulschiffe dienten, sechs Kriegszeppeline, davon das Heer fünf und die Marine einen. Im Laufe des Krieges wurden 90 Kriegszeppeline gebaut (von insgesamt 119 jemals gebauten). Diese hohe Zahl war möglich geworden, weil man jetzt für den Bau eines Zeppelins kaum mehr als vier Wochen benötigte.

Zwar existierten zum Kriegsbeginn neben den Zeppelinen noch weitere Luftschiffe, die allesamt ausschließlich für Kriegszwecke gebaut wurden, aber in ihrer militärischen Bedeutung blieben sie weit hinter den Zeppelinen zurück. Das wird auch aus der Anzahl solcher Luftschiffe deutlich, wie folgende Übersicht unterstreicht:

Verteilung der Luftschiffe auf Heer und Marine im Kriegseinsatz

Schiffstyp	Heer	Marine
Zeppelin	30	65
Schütte-Lanz	5	7
Parseval	1	3
Groß-Basenach	0	1

Zweifellos scheint die Vernachlässigung der anderen Luftschifftypen zugunsten des Zeppelin-Typs aus heutiger Sicht fraglich. Denn gerade der unstarre Typ Parsevals hat gegenüber den Zep-

pelinen in einzelnen Bereichen erhebliche Vorteile, zum Beispiel
erfordern Start und Landung nur geringen Aufwand, und der
Transport auf Schiene und Bahn ist im zusammengelegten Zustand des Schiffskörpers fast problemlos. Auch in der Luft haben
Parseval-Luftschiffe gegenüber den Zeppelinen in einigen Parametern Vorteile, vor allem in der größeren Wendigkeit auf
Grund der geringeren Größe. Aber in der Summe aller technischen Parameter erwies sich in jenen Jahren das Zeppelin-Luftschiff allen anderen Vorstellungen über ein Luftschiff weit überlegen. Das lag vor allem an der höheren Beschußfestigkeit, da der
Tragkörper des Luftschiffes aus mehreren Traggaszellen bestand
und – solange keine Brand- und Leuchtspurmunition verwendet
wurde – selbst bei mehreren Treffern sich der Zeppelin noch in
der Luft halten konnte und lenkbar war, während z. B. das Prall-
luftschiff schon bei wenigen Treffern seine äußere Form und
damit seine Lenkbarkeit verlor.
Überhaupt veranlaßte die rasche Entwicklung der Flugzeugtechnik die führenden militärischen Kreise in Deutschland, das Bau-
programm für unstarre und halbstarre Luftschifftypen nach
1910/11 zu verzögern, weil man voraussah, daß bestimmte Aufgaben, die diesen Typen zugedacht waren, künftig von Flugzeugen
übernommen werden konnten.
Für die Realisierung der aggressiven Ziele des kaiserlichen deutschen Imperialismus gab es um jene Zeit tatsächlich keinen
Waffenträger, der das Zeppelinluftschiff hätte ersetzen können.
Die meisten Zeppeline waren während des Krieges an der Westfront eingesetzt. Bereits am 6. August 1914, also noch in der ersten
Kriegswoche, griffen Heereszeppeline die Festung Lüttich an. Hier,
wie auch an anderen Kriegsschauplätzen, wo Zeppeline eingesetzt
waren, erzielten sie jedoch nur eine psychologische Wirkung, hinter der der materielle Schaden, den sie anrichteten, zurückblieb.
Hingegen wurden bereits in den ersten Kriegswochen vier Zeppeline abgeschossen. Das veranlaßte die preußische Heeresführung,
ein Verbot für Luftschiffeinsätze bei Tageslicht durchzusetzen.
Die gegnerische Luftschiffabwehr war besonders an der deutschen
Westfront erfolgreich. Man ging dabei folgendermaßen vor:
Wurde ein Luftschiff gesichtet, versuchte man durch Aufstellen
von Scheinwerfern an den Eckpunkten eines gedachten gleich-
seitigen Dreiecks und durch das gleichzeitige Anleuchten des

riesigen Tragkörpers die Flughöhe zu ermitteln. Wenn dies rechtzeitig gelang, gab es für das Luftschiff kein Entrinnen mehr, denn nun setzte die Flak ihr zielgerichtetes Feuer ein. Waren bei der Abwehr der Zeppeline Flugzeuge beteiligt, verloschen nach dem Ausmachen und Vermessen des Zieles die Bodenscheinwerfer, und das Flugzeug griff den Luftriesen mit Leuchtspurmunition an. Dieser klugen Abwehrtaktik hatte das Luftschiff aus konstruktiven Gründen wenig entgegenzusetzen.

Die großen Verluste an Kriegszeppelinen an der Westfront zwangen die deutschen Militärstrategen dazu, ihre Luftschiffeinsätze nach dem Osten und auf den Balkan zu verlegen, weil dort die gegnerische Luftschiffabwehr weitaus schwächer war als im Westen. Außerdem versuchte die deutsche Heeresleitung, durch Angriffe auf das gegnerische Hinterland die Moral der Bevölkerung zu schwächen.

All dies belegt wohl eindeutig, daß der Kriegszeppelin – eine sogenannte deutsche „Wunderwaffe" – bereits im ersten Kriegsjahr seine ihm ursprünglich zugedachten Aufgaben nicht erfüllte. Dennoch wurde das Luftschiffbauprogramm in Deutschland energisch forciert, und es flossen enorme Geldmittel in dieses spezielle Rüstungsprogramm. Alle durch Luftschiffe erzielten „Erfolge", selbst die bescheidensten, wurden maßlos übertrieben. Man erhoffte sich dadurch sicherlich eine Aufbesserung der Moral aller Deutschen.

Der Start der Kriegszeppeline erfolgte von den Reichsluftschiffhallen und den Hallen der aufgelösten Delag aus. Im Osten waren die wichtigsten Luftschiffhäfen Posen, Liegnitz, Schneidemühl, Königsberg und Allenstein. Gegen England, den bedeutendsten Feind im Westen, starteten die Luftschiffe meist bereits mittags von ihren Stützpunkten im besetzten Belgien oder an der deutschen Nordseeküste. Sie umfuhren Holland und erreichten gegen Abend die Ostseeküste Englands, wo sie bei einbrechender Dunkelheit die feindlichen Hafenanlagen und zivilen Wohnviertel der großen englischen Städten angriffen. Im Verlaufe des Krieges warfen deutsche Heereszeppeline über Rußland 60 t, über Frankreich 45 t und über England 37 t Bombenlast ab.

Die Marineluftschiffe wurden befehlsgemäß vorwiegend für die Seeaufklärung und die Bombardierung von Hafen- und Industrieanlagen sowie von großen Wohnsiedlungen, vor allem in England, eingesetzt. Die ersten Luftschiffe, die mit diesen Aufträgen den Kanal überflogen und englisches Territorium erreichten, waren die Luftschiffe L 3 (LZ 24) und L 4 (LZ 27) im Januar 1915. Paris und London wurden im Frühjahr des gleichen Jahres erstmals durch deutsche Zeppeline bombardiert.

Im Kriegsministerium gab es viele, denen der eingeschränkte Luftkrieg mit einzelnen Luftschiffen als Vergeltungsmaßnahme nicht genügte und die deshalb vorschlugen, mit ganzen Luftflotten über England herzufallen und über den englischen Städten wahre Flächenbombardements zu veranstalten. Graf Ferdinand von Zeppelin gehörte zu ihren eifrigsten Fürsprechern. In maßloser chauvinistischer Verblendung war er binnen weniger Jahre vom zivilen, den technischen Fortschritt verkörpernden Verkehrsluftschiff weggerückt und befand sich nun mit seinen Kriegszeppelinen im Lager der reaktionären militärischen Kreise Deutschlands.

Im Februar 1916 griffen bei Verdun Heeresluftschiffe zum ersten Mal direkt in Kampfhandlungen ein, allerdings ohne nennenswerte Wirkung – hingegen kehrten zwei der beteiligten Luftschiffe nicht wieder zurück. Frankreich verwendete zur Abwehr der Zeppeline neuartige Brandraketen, die bis in eine Höhe von 3 000 m abgeschossen werden konnten.

Im Sommer 1916 waren von 50 ehemals dem Heer gehörenden Luftschiffen bereits die Hälfte abgeschossen, abgetrieben oder durch technisches Versagen verloren gegangen. Auch Menschenopfer waren in beträchtlicher Zahl zu beklagen.

Da um diese Zeit die deutschen Großflugzeuge in die Rolle der Bombenträger hineingewachsen und die Verluste unter diesen weitaus geringer waren als unter den Luftschiffen, wurde nach mehr als 300 Feindfahrten die Heeresluftschiffahrt wegen militärischer Wertlosigkeit eingestellt. Die verbliebenen fünf Heeresluftschiffe wurden an die Marine übergeben, die zu dieser Zeit noch glaubte, auf die Kriegszeppeline nicht verzichten zu können.

Einzelne Marinezeppeline und ganze Luftschiffgeschwader nahmen an fast allen bedeutenden Seeschlachten des ersten Weltkrieges teil, darunter auch an der größten, der Skagerrakschlacht zwischen der englischen und deutschen Kriegsmarine vom 31. 5. bis zum 1. 6. 1916. Insgesamt waren an dieser Schlacht zehn Marineluftschiffe beteiligt. Deren Rolle wurde ein Jahr später

in einem Geheimbericht der englischen Admiralität vom 20. Juli
1917 wie folgt eingeschätzt:

Aus den bisherigen Ergebnissen kann man schon ersehen, wie berechtigt
das Vertrauen der deutschen Marine in ihre Luftschiffe als die Augen der
Flotte ist. Es ist kein geringes Verdienst für die Zeppeline, in der Schlacht
am Skagerrak die deutsche Hochseeflotte gerettet zu haben, ebenso wie
sie beim Überfall auf Yarmouth die deutschen Kreuzer retteten und das
Werkzeug bei der Versenkung der Kleinen Kreuzer ‚Nottingham‘ und
‚Falmouth‘ an der englischen Ostküste waren. Wäre die Situation am Skagerrak umgekehrt gewesen, hätten Luftschiffe es uns ermöglicht, die deutsche Hochseeflotte ausfindig zu machen und zu vernichten – wer könnte die
weitreichende Wirkung bestreiten, die das auf den Kriegsausgang hätte haben müssen. [15, S. 140]

Eine der größten Luftangriffsschlachten des ersten Weltkrieges
war für den 19. Oktober 1917 angesetzt. Insgesamt waren elf
Luftschiffe beteiligt. Der Ausgang dieser Kampfhandlungen war
bezeichnend für den Einsatz aller Zeppeline im Krieg: Der
eigentliche Kampfauftrag wurde nicht erfüllt, statt dessen wurden die Bomben wahllos an anderen Stellen abgeworfen. Fünf
Zeppeline gingen bei der Rückkehr gänzlich verloren, die meisten über Frankreich.
Daraufhin wurde der Einsatz von Marinezeppelinen drastisch
eingeschränkt und später gänzlich eingestellt. Sie führten im Verlaufe des Krieges 325 Angriffs-, 1 205 Aufklärungs- und 2 984
sonstige Fahrten durch.
Als England um die Jahreswende 1917/18 und danach Nacht-
jäger einsetzte, war die endgültige Todesstunde für alle Kriegszeppeline gekommen, denn mochten die Luftriesen auch noch so
hoch über die Wolken flüchten oder des Nachts angreifen – die
kleinen wendigen englischen Jagdflugzeuge fanden sie doch, und
das bedeutete meist den sicheren Abschuß der Zeppeline. Insgesamt
gingen mindestens 40 Kriegszeppeline durch Abschuß verloren.
In der Folgezeit drangen britische Jagdflugzeuge sogar bis zu
den Luftschiffwerften und -hallen vor und zerstörten die wehr-
los verankerten Zeppeline am Boden, so am 19. Juli 1918 in
Tondern, wobei L 54 und L 60 in Flammen aufgingen.
Aus heutiger Sicht vollbrachte das Marineluftschiff L 59 (LZ 104)
die technisch am höchsten stehende Leistung. Es gehörte der
68 500 m³-Klasse an und erhielt von der Marineverwaltung die
Aufgabe, von Jamboli in Bulgarien aus nach Ostafrika zu flie-

gen. Dort besaß das wilhelminische Deutschland noch eine Kolonie, und der berühmt-berüchtigte General von Lettow-Vorbeck war samt seiner „Schutztruppe" in einen heftigen Defensivkrieg gezwungen. L 59 sollte deshalb Munition, Verbandsmaterial, Proviant sowie Uniformen zu Lettow-Vorbeck bringen. Dort, so lautete der Auftrag, sollte das Luftschiff nach der Landung total abgewrackt werden, wobei alle Teile „verwertet" würden, die Baumwollhülle des Fahrzeuges für Zelte, die Gaszellen für Schlafsäcke, die Aluminiumstangen für Tragen, die Motoren für Lichtmaschinen, der Laufgang für Schuhsohlen usw.

Am 21. November 1917 stieg L 59 auf und legte in einer 96-Stunden-Fahrt ohne Zwischenlandung eine Gesamtstrecke von 6 757 km über Gebirge, das Mittelmeer und Wüstengebiete zurück. Es sei hier nur am Rande vermerkt, daß auch dieses Luftschiff seinen militärischen Auftrag nicht erfüllte, weil über Khartum im Sudan auf Befehl der Obersten Heeresleitung die Rückkehr angetreten werden mußte. Die Entscheidung war aufgrund der englischen Falschmeldung getroffen worden, nach der Lettow-Vorbeck bereits geschlagen sei.

Die technischen Parameter der Kriegszeppeline konnten dank der riesigen Geldmittel, die in das Zeppelin-Unternehmen flossen, von Jahr zu Jahr beträchtlich verbessert werden, wie aus der folgenden Tabelle hervorgeht:

Jahr	Ballon-inhalt in m³	Gesamt-Motor-leistung in kW	Geschwindigkeit* in m/s	in km/h	Steighöhe in m	Nutzlast in kg
1915	22 400	460	23,4	85	2 500	9 200
1915	31 900	620 später 700	26,7	95	3 200	16 200
1915/ 1916	35 800	700	26,5	95	3 500	17 900
1916	55 200	1 000	28,7	105	4 000	35 500
1917	56 000	880 später 1 000	30,2	110	6 500	40 000
1917	68 500	880	28,6	105	8 200	52 100
1918	62 200	1 500	36,4	130	7 000	44 500

(*Die Geschwindigkeitsangaben schwanken mitunter, weil die Meßtechnik nicht immer exakt gehandhabt wurde.)

Die in der Tabelle wiedergegebene Leistungsentwicklung der Zeppeline sagt wenig aus über konstruktiv-technische Verbesserungen am Zeppelinschen Luftschiff. Die neuen, leistungsfähigen Motoren sowie die vergrößerten Ballonvolumen begründen z. B. nicht allein die deutliche Erhöhung der Geschwindigkeit, die Senkung des spezifischen Kraftstoffverbrauches, die größere Nutzlast und die viel größere Reichweite.

Von ganz ausschlaggebender Bedeutung war auch die Erhöhung der Formstabilität des Ballons bei gleichzeitiger Masseverringerung des Ballongerüstes durch die Benutzung neuer Aluminiumlegierungen, vor allem des DUR-Aluminiums für das Schiffsgerippe. Bei der Betrachtung des Äußeren der Kriegszeppeline fällt auf, daß dieses im Unterschied zu den Vorkriegszeppelinen, stromlinienförmig ist. Damit konnte der Luftwiderstand der riesigen Ballonkörper beträchtlich herabgesetzt werden, was zu der erwähnten Senkung des spezifischen Kraftstoffverbrauches führte. Der erste, der die Stromlinienform im Luftschiffbau anwandte, war Professor Schütte im Zeppelinschen Konkurrenzunternehmen „Schütte-Lanz" (1908/09).

26 Marine-Luftschiff L 53.
Die aerodynamisch günstige Form des Ballonkörpers, die großen Stabilisierungsflächen und die hinter den Stabilisierungsflächen befindlichen Steuerflächen charakterisieren die neue Form der Zeppelin-Luftschiffe

27 Luftschiff LZ 127 „Graf Zeppelin" auf dem Bodensee

Ferdinand Graf von Zeppelin nahm bis zu seinem Tode am 8. März 1917, als er kurz zuvor an einer Lungenentzündung erkrankt war, aktiven Anteil am Bau von Luftschiffen und deren militärischer Verwendung. Das letzte Mal stieg der Graf am 29. Mai 1916 anläßlich der Übergabe der neuen 35 500-m^3-Zeppelinklasse an die Marine an Bord eines Luftschiffes. Damals wurde L 30 (LZ 62) von Friedrichshafen zum Marineluftschiffstützpunkt Nordholz überführt, und zwar genau einen Tag vor der bereits erwähnten Skagerrakschlacht.

Mit seinem Tode im Frühjahr 1917 blieb Zeppelin das Erlebnis des unrühmlichen Niederganges seiner genialen Luftschiffidee erspart. Das Kriegsende bedeutete für das Zeppelin-Luftschiffprojekt den vorläufigen Schlußpunkt unter eine bis 1914 progressive Entwicklung. Nach dem „Vorbild" der kaiserlichen Marine, die am 21. Juni 1919 in Scapa Flow 5 Schlachtkreuzer, 10 Linienschiffe und mehr als 50 kleine Kreuzer und Torpedoboote versenkte, um sie so dem Zugriff der Alliierten zu entziehen, verbrannten auch die Luftschiffer, und zwar am 23. Juni, in Nordholz und Wittmund sieben der noch existierenden Zeppeline. Nach Artikel 198 des Versailler Vertragswerkes durfte Deutschland in Zukunft keine Armee- und Marinefliegertruppen besit-

zen, und in Artikel 202 wurde darüber hinaus festgelegt, daß
alles militärische Luftfahrgerät, einschließlich der noch existierenden elf Zeppeline als Reparationsleistungen an die Siegermächte
zu übergeben sind. Für die ernstlich am Fortschritt des Luftschiffprojektes Interessierten wie Eckener und Dürr wirkte sich
jedoch Artikel 201 des Versailler Vertrages noch verheerender
aus, in dem Deutschland die Herstellung und die Einfuhr von
Luftfahrzeugen und Flugmotoren aller Art verboten wurde.

Es mußten noch viele Jahre vergehen, ehe sich der deutsche Luftschiffbau von diesem Rückschlag erholen konnte und mit dem
Neubau noch größerer und besserer Luftschiffe, den LZ 126, LZ 127
und LZ 129, beginnen konnte. Diese beiden letztgenannten Luftschiffe knüpften an die hervorragenden Leistungen der Delag-
Luftschiffe von 1914 an und vollendeten das große Werk von
Ferdinand von Zeppelin.

Im Oktober 1924 machte das Luftschiff LZ 126 als erstes deut-
sches Luftschiff eine Fahrt unter der Führung von Dr. Eckener
über den Ozean nach den USA und war dort als Reparations-
luftschiff unter der amerikanischen Bezeichnung ZR III „Los
Angeles" bis 1939 erfolgreich im Einsatz.

LZ 127, auf den verpflichtenden Namen „Graf Zeppelin" getauft,
machte 1929 durch die sensationelle Fahrt um die Welt von sich
reden und 1931 durch eine Expeditionsfahrt in das ewige Eis
der Arktis. Im selben Jahr nahm LZ 127 den fahrplanmäßigen
Dienst nach Nord- und Südamerika auf, dem sich 1936 das neue,
größere Luftschiff LZ 129 anschloß.

Beide trugen auf diese Weise zur völkerverbindenden Idee der
Weltluftfahrt und der Weltluftpost bei.

Der Mythos Zeppelin

Die Laufbahn Zeppelins auf militärischem und diplomatischem Gebiet läßt die Frage offen, warum gerade er zu einem der erfolgreichsten Pioniere der internationalen Luftschiffahrt wurde, obwohl er (auch nach eigener Überzeugung) ein wissenschaftlicher Außenseiter und technischer Laie war.

Dessenungeachtet ging Zeppelin ab 1890, dem Jahr seines unfreiwilligen Ausscheidens aus dem Militär- und diplomatischen Dienst, mit einer atemberaubenden Zielstrebigkeit und einem achtungsgebietenden Mut an die Verwirklichung seiner Luftschiffidee. Er bewies einen erstaunlichen Weitblick, als er von Anfang an auf das technisch beste Projekt – das starre Luftschiff – setzte, für das es weder in der Technik einen Vorläufer noch in der Natur ein Vorbild gab. Daß in Zeppelins allerersten Skizzen zu seinem Luftschiff bereits alle wesentlichen Elemente enthalten waren, zeichnet das gesamte Zeppelinprojekt als eine wirklich „große Erfindung" aus.

Zeppelin mußte mit seinem System erst nachweisen, was den zahlreichen Ballonfahrern schon seit über einhundert Jahren fast problemlos gelang: das Schweben in der Luft. Die Verfechter des unstarren Systems der Luftschiffe hatten auch das Problem der Lenkbarmachung des Ballons – spätestens seit den sensationellen Fahrten von Krebs und Renard im Jahre 1884 – gelöst. Zeppelin hingegen standen diese Aufgaben erst noch bevor.

Der starre Luftschifftyp verlangte von vornherein riesige Ausmaße des Ballons, um das Gewicht des Gerüstes auszugleichen. Daraus ergaben sich nicht nur wesentlich höhere Baukosten bei diesem Luftschiff als z. B. beim unstarren Typ, sondern es schloß auch das Experimentieren mit Modellen im Labor und das Üben der Fahrtechnik mittels kleinerer Luftschiffe aus.

Da zudem in jener Zeit, als sich Zeppelin mit dem Luftschiffproblem beschäftigte, solche für die moderne Luftfahrt und Flugtechnik unbedingt notwendigen Wissenschaften wie die Aerodynamik und die Meteorologie erst im Entstehen begriffen

waren, konnte das Problem „leichter als Luft" und erst recht
dessen Lösung durch das starre System nur empirisch in Angriff
genommen werden.

Dieser objektive Zwang eröffnete auch wissenschaftlichen Dilettanten, wie Zeppelin einer war, die Möglichkeit, in der Anfangsphase der Luftschiffahrt aktiv mitzuwirken.

Wie Zeppelin seinen Anteil bei der Erfindung des starren Luftschiffes selbst sah, geht aus einem Brief aus dem Jahre 1891 an
den Aufsichtsratsvorsitzenden der Daimler-Werke hervor, den
wir auszugsweise wiedergeben wollen:

Ich habe es gelöst (das Problem des starren Luftschiffes – M. B.) nicht mit
mehr Witz und Wissen als meine Konkurrenten, sondern durch die nüch-
terne einfache Denkart eines von der Natur mit praktischem Sinn ausgestat-
teten ernsten Mannes, durch die Zusammenreihung der bereits auf dem
fraglichen Gebiete gemachten Feststellungen und die Verwertung der neu-
esten anwendbaren Erfindungen. . . . [4, S. 110]

Der Weg zum Triumph seines Luftschiffprojektes war für Zeppelin dornenreich und sehr lang. Immerhin umfaßte der Zeitraum
von der Konzipierung seiner ersten Ideen bis zu den sensationellen Fahrten der Delag-Luftschiffe „Schwaben", „Viktoria
Luise", „Hansa" und „Sachsen" fast vierzig Jahre. In dieser Zeit
bewies er Engagement und Opfermut für den technischen Fortschritt und zeigte gleichzeitig ein an Borniertheit grenzendes Maß
an Starrsinn. Er hatte eine glückliche Hand bei der Auswahl
seiner Mitarbeiter und verstand es ausgezeichnet, deren kreative
und handwerkliche Potenzen für die gemeinsame Sache zu mobi-
lisieren. Zeppelin meinte einmal scherzhaft, aber doch wohl das
Wahre treffend, sein Verdienst bei der Erfindung des starren
Luftschiffes bestünde nur darin, daß er die richtigen Gelehrten
und die geeigneten Arbeiter in den Dienst seiner Idee gestellt
und sie zu einheitlichem Schaffen zusammenzuhalten verstanden
habe.

Zeppelins Arbeitseinstellung war in jeder Beziehung Vorbild für
alle, die ihn umgaben, und es spricht für ihn, was Zeitgenossen
Zeppelins behaupteten: Sein wahres Zuhause war die Arbeitsstätte. Dort traf man ihn oft als ersten an, und nicht selten verließ er als letzter die Werft.

Zeppelin konnte hart arbeiten und spornte dadurch auch seine
Mitarbeiter zu Höchstleistungen an. Ihm wurde von seinen ehe-

maligen Angestellten bescheinigt, daß er zu ihnen ein ausgesprochen „gutes" Verhältnis suchte und wohl auch fand. Er verschaffte ihnen einige materielle und soziale Vergünstigungen gegenüber ihren Kollegen in anderen Betrieben und erreichte, daß viele von ihnen jahrzehntelang in seinem Unternehmen blieben. Zeppelin erkannte schon frühzeitig, daß zum „gut profitieren" auch „gut produzieren" gehört. Daneben gelang es ihm mehrfach, Spezialisten aus anderen Betrieben abzuwerben. Später bildete sich in seinen vielen Unternehmen eine eigene junge Luftschiff- und Flugzeugbaugeneration heraus, aus deren Reihen mehrere namhafte Konstrukteure auf diesen Gebieten hervorgingen.

Von nicht zu unterschätzender Bedeutung für den letztendlichen Sieg seiner Luftschiffidee sollten sich mehrfach sein bedeutender materieller Reichtum und die ausgesprochen guten Beziehungen zum württembergischen Königshaus, insbesondere nach der Thronbesteigung Wilhelm II. im Jahre 1891, erweisen.

Die praktische Lösung der Luftfahrt gelang Zeppelin im ersten Jahrzehnt unseres Jahrhunderts. Während die ersten beiden Fahrten des LZ 1 das Suspensionsproblem für das starre Luftschiff lösten, bestätigte die dritte Fahrt (erstmals Rückkehr zum Aufstiegsort) dessen Lenkbarkeit. Trotz des Unglücks mit dem LZ 2 in Kißlegg wurde mit dieser Fahrt erstmals die Möglichkeit der Landung auf festem Boden nachgewiesen.

Die Jahre nach 1906 waren im Zeppelin-Luftschiffbau geprägt durch das Bestreben, endgültig das Translationsproblem zu lösen. Dazu bedurfte es vor allem neuer, leistungsfähigerer Motoren. Als diese Motoren gegen Ende des ersten Jahrzehnts unseres Jahrhunderts Zeppelin zur Verfügung standen, glaubte sich der Graf am Ziel seines Traumes, ein ziviles Luftverkehrsunternehmen zu gründen. Die luftfahrttechnischen Voraussetzungen dafür waren aber erst erfüllt, als in Deutschland ein Netz von Luftschiffhallen entstand. So darf als die eigentliche Krönung des Schaffens Zeppelins die Gründung der Delag und deren Bewährung bis 1914 verstanden werden.

Aber es blieben Zeppelin nur wenige Jahre, um den humanistischen Grundsätzen des wissenschaftlichen und technischen Forschers treu zu bleiben. Doch auch in dieser Zeit konnte Zeppelin nicht uneingeschränkt für den Fortschritt der Menschheit wirken. Dieselben Kreise, die ihn einst verhöhnten, machten ihn nun zum

Objekt kapitalistischer Reklame und chauvinistischer Propaganda. [1, S. 255]

Daneben fühlte sich Zeppelin nach wie vor als Offizier und ehemaliger Generalstäbler dem deutschen Kaisertum verpflichtet. So verkaufte er seine Luftschiffidee den aggressivsten Kreisen des deutschen Monopolkapitals am Vorabend des ersten Weltkrieges und machte sich zu Beginn dieses Völkermordens zum fanatischen Fürsprecher für den Einsatz von Kriegszeppelinen gegen die Zivilbevölkerung in England, Rußland und anderen Ländern.

Dank der riesigen Summen, die das Kriegsministerium für den Bau neuer und immer besserer Luftschiffe bereitstellte, konnte der Zeppelin bis zu einer erstaunlichen technischen Vollkommenheit entwickelt werden. Auf der anderen Seite bedeutete die totale Militarisierung des Zeppelinprojektes das vorläufige Todesurteil für das Luftschiff. Es mußten noch viele Jahre vergehen, ehe es den engsten Zeppelin-Mitarbeitern Eckener und Dürr gelang, mit dem Bau von LZ 127 und LZ 129 dem Zeppelin-Projekt zu neuer Popularität als Luxusreiseluftschiff zu verhelfen. Vor allem die aufsehenerregende Weltfahrt des LZ 127 im August 1929 stellte einen Meilenstein in der Geschichte der Luftfahrt dar.

Mit der Echterdinger Luftschiffkatastrophe begann die stürmische Entwicklung des Zeppelinschen Luftschiffes – mit einer viel furchtbareren Katastrophe sollte sie rund dreißig Jahre später schlagartig enden. Nachdem LZ 129 bereits mehr als 60 Fahrten, zum Teil im Transatlantikdienst, absolviert hatte, ereilte dieses Luftschiff am 6. Mai 1937 ein entsetzliches Schicksal. Bei der Landung in Lakehurst verbrannte das Luftschiff aus noch heute ungeklärter Ursache. Dabei kamen erstmals in der zivilen Luftfahrtgeschichte der Zeppeline Passagiere ums Leben.

Daraufhin wurde die Zeppelin-Passagierluftfahrt verboten. Das Schwesternluftschiff der „Hindenburg" (LZ 129), LZ 130, hatte seine letzte Fahrt am 20. 8. 1939 nach Essen, Mülheim. Die nächste Fahrt sollte am 26. 8. 39 nach Königsberg und Zwickau führen, wurde jedoch wegen der Kriegsgefahr abgesagt.

Im Mai 1940 wurden beide Luftschiffe abgewrackt.

In der Endkonsequenz versagte nicht die Idee vom Luftschiff, sondern vielmehr das leicht verbrennbare und äußerst explosive Traggas Wasserstoff. Zeppelin erkannte das schon früh-

28 Ferdinand Graf
von Zeppelin mit
der legendären
weißen Mütze

zeitig, doch war es ihm aus objektiven Gründen nicht möglich, Helium zu verwenden – womit Brandkatastrophen nahezu ausgeschlossen wären.
Zeppelin erhielt bereits zu Lebzeiten hohe und höchste Auszeichnungen und Ehrungen. Er war Ehrendoktor mehrerer deutscher Hochschulen und Träger höchster staatlicher Orden. Auf der Höhe der landesweiten Begeisterung über die Fahrten der Friedrichshafener Luftschiffe wurde z. B. in Berlin ein Platz in „Zeppelinplatz" umbenannt, und in Frankfurt a. Main benannte man einen Park mit seinem Namen. Um das Jahr 1910 wurde gar die Zeppelin-Mode kreiert: Man konnte 300 g schwere gummierte Mäntel und die legendäre weiße Schirmmütze tragen. Schmunzelnd gestattete der alte Graf die Benennung einer Zigarettenmarke mit seinem Namen, denn Zeppelin war leidenschaftlicher NICHTraucher! Aber auch Zuckergebäck und eine prachtvolle, hochwachsende neu gezüchtete Blatt-Begonie bekamen mit Genehmigung Zeppelins seinen Namen.
Die Person Zeppelins ist bis heute ein weites und interessantes Feld für Forschung, Literatur und Journalismus geblieben.

Anhang

Die Verdienste des Grafen Ferdinand von Zeppelin bei der Verwirklichung des uralten Traumes der Menschheit, zu fliegen, sind unbestritten. Dennoch darf nicht übersehen werden, daß unabhängig von ihm entscheidende Voraussetzungen für dieses Ziel in seinem Konstruktionsbüro, in seinen Tochterunternehmen und auch außerhalb des eigentlichen Luftschiffbaues geschaffen wurden.

Im folgenden wollen wir uns auf wenige, ausgewählte Ursachen für eine derartige Entwicklung beschränken.

1. Sinken des Aluminiumpreises

Das von Oersted im Jahre 1824 entdeckte und drei Jahre später durch Wöhler erstmals rein dargestellte Aluminium war zu jener Zeit nur mit Gold aufzuwiegen.

Die weitere Preisentwicklung des Aluminiums kam dem Vorhaben Zeppelins – das ganze Gerüst des Luftschiffes aus diesem Metall herzustellen – sehr entgegen. Das kann folgende Tabelle verdeutlichen:

Jahr	Preis für 1 kg Aluminium in Reichsmark
1855	1 000
1886	100
1891	17
1900	2

[17; S. 140]

2. Verbesserung der Statik des Ballongerüstes ·

a) durch Veredlung des Aluminiums:

Im Ergebnis der gedeihlichen Zusammenarbeit zwischen den Dürener Werkstoffexperten und den Luftschiffbauern in Friedrichshafen gelang es, die entscheidenden Kennziffern für das Gerüstmaterial um mehr als 100 % zu heben:

Jahr	Material	Zugfestigkeit in kg/mm²	Elastizität in Prozent
1900	reines Aluminium	ca. 18	ca. 8
1915	Duraluminium	40	18

[3, S. 32/33]

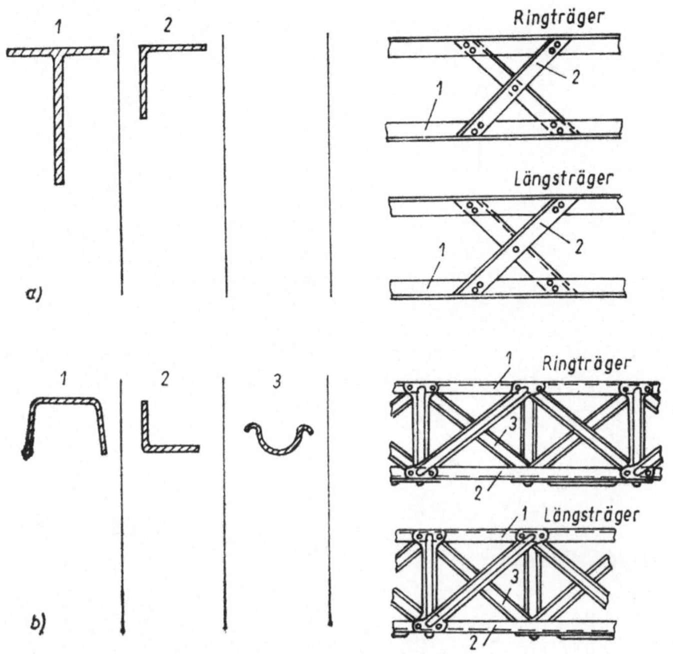

29 Profilvergleiche der Ring- und Längsträgerprofile der Zeppelingerüste:
a) LZ 1 (1900)
b) LZ 7 (1910) [3, S. 32/33]
T- und winkelförmige Trägerprofile (a) wurden durch U-ähnliche und gewalmte Profile (b) ersetzt
Links sind jeweils die verwendeten Profiltypen (1–3) und rechts die Gerüst-
konstruktionen mit den jeweiligen Profiltypen dargestellt.

b) durch neuartige Profilquerschnitte und Herstellungstechnologien:
Beim LZ 1 wurden nur T- und winkelförmige Trägerprofile verwendet.
Schon beim LZ 2 löste man jedoch die T-förmigen Träger durch U-ähnliche
Profile ab, was zu einer wesentlichen Erhöhung der Stabilität des Gerüstes
führte. Die Versteifungen zwischen den Längs- und Ringträgern wurden
von 1910 an durch gewalmte Profile ersetzt (siehe Abb. 25 b; Profil 3).
Die Träger wurden beim LZ 1 in einem Walzverfahren hergestellt, wäh-
rend man ab 1910 dazu überging, diese aus dünnen Bändern zu ziehen.

3. *Einsatz geeigneterer Luftschiffmotoren*

Bis zum Jahre 1910 bezog der Luftschiffbau-Zeppelin seine Motoren von
der Untertürkheimer Daimler-Motorengesellschaft, die im Automobilmoto-

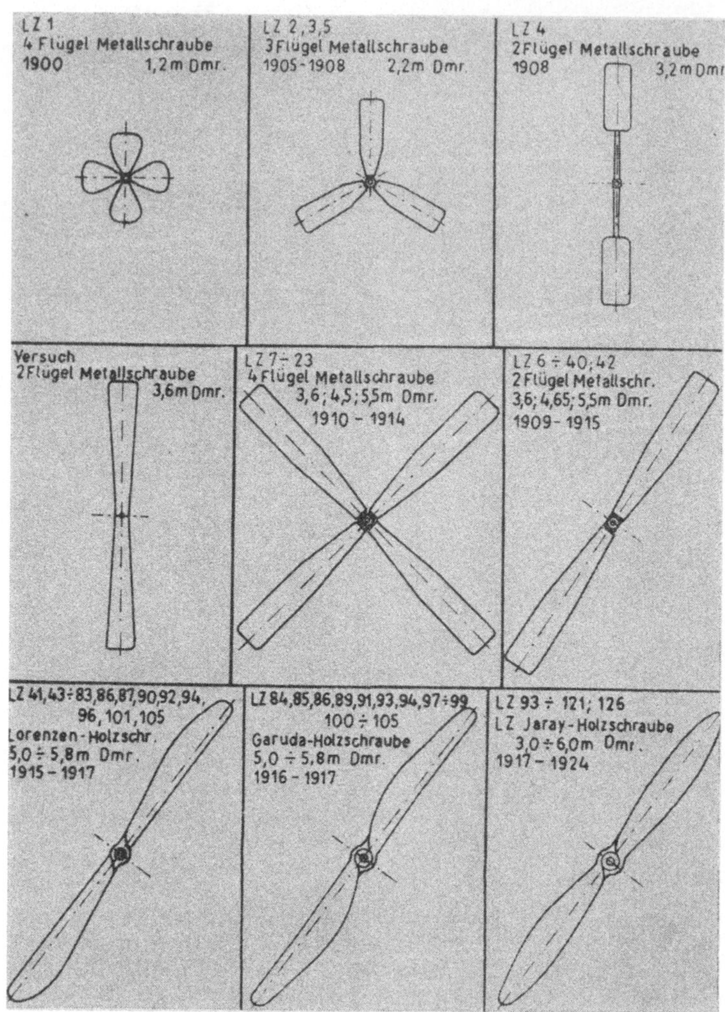

30 Entwicklung von Form, Größe und Material der Zeppelin-Propeller von 1900 bis 1924 [3 S. 68]

renbau bis dahin außerordentlich gute Erfahrungen gesammelt hatte. Ab 1910 wurden dann aber die noch besseren, von Maybach in Friedrichshafen entworfenen speziellen Luftschiffmotoren in die Zeppeline eingebaut.
Die folgende Tabelle zeigt, wie stürmisch sich der Luftschiff-Motorenbau entwickelte und wie fruchtbringend sich diese Entwicklung auf den Zeppelinbau auswirkte.

Jahr	Hersteller	Leistung in kW	Drehzahl pro min	kg/kW	Brennstoffverbrauch in g/kW · h	Geschwindigkeit* in m/s	in km h
1900	Daimler	11	680	35	540	9	30
1905	Daimler	66	1 050	5,5	400	11	40
1907	Daimler	75	1 080	5,5	400	13	50
1910	Maybach	106	1 100	4,2	325	21	75
1915	Maybach	176	1 400	2,0	270	27	100

*) Die Geschwindigkeitsangaben schwanken in der Literatur, weil sie nicht immer exakt gemessen werden konnten.

4. Verbesserter aerodynamischer Wirkungsgrad der Luftschiffpropeller

Den ersten Untersuchungen über Form, Größe, Material und Drehzahl der Luftschrauben gingen Versuche mit einem Luftschraubenmotorboot voraus. Später, als ein betriebseigener Windkanal gebaut wurde, gewannen derartige Experimente auch an theoretischem Wert, wodurch der aerodynamische Wirkungsgrad der Propeller beträchtlich verbessert werden konnte.
Die folgende Tabelle veranschaulicht die Entwicklung auf dem Gebiet der Luftschraubenforschung im Zeppelin-Luftschiffbau.
Die Drehzahl der Luftschrauben lag bei den ersten Zeppelinen höher als die der Motoren: von 1910 ab wurde die Motordrehzahl jedoch für die Luftschraube untersetzt.

5. Ausgewählte fahrtechnische Leistungen der Zeppelin-Luftschiffe bis 1918

Streckenrekord	6 757 km nonstop in 95 Stunden 21.–25. 11. 1917 (Bulgarien–Sudan und zurück) Führer: Bockholt mit LZ 104
Dauerrekord	101 Stunden bei einer Strecke von 6 105 km 26.–31. 7. 1917 Führer: Lehmann mit LZ 101
Höhenrekord	7 300 m 20. 10. 1917 Führer: Fleming mit LZ 101

Chronologie

Die Luftschiffentwicklung

Die Lösung des Suspensionsproblems

um 250 v. u. Z.	Archimedes weist experimentell nach, daß der Auftrieb eines in Wasser getauchten Körpers gleich groß ist dem Gewicht der von diesem Körper verdrängten Wassermenge.
1654	Guericke erzeugt mit einer von ihm erfundenen Luftpumpe Vakuum und weist damit nach, daß die Luft ein Gewicht hat.
1670	Lana-Terzi verbindet die Erfindung Guerickes mit der Luftschiffidee und konstruiert ein sog. „Vakuum-Luftschiff".
1757	Galien findet durch logisches Schließen heraus, daß die Luft in den oberen Schichten der Atmosphäre „leichter" ist als in den tieferen.
1766	Cavendish stellt Wasserstoff in Reinform her.
1783	5. Juni: Den Brüdern Montgolfier gelingt der erste Start eines unbemannten Heißluftballons. 27. August: Prof. Charles läßt den ersten mit Wasserstoff gefüllten Ballon aufsteigen.

Die Ballonära

1783	19. September: Die ersten Lebewesen steigen an Bord eines Heißluftballons in die Lüfte. 21. November: d'Arlandes und de Rozier sind die ersten Menschen, die – mit einer Montgolfière – den uralten Traum der Menschheit, zu fliegen, endlich verwirklichen. 1. Dezember: Charles und Robert segeln in einem mit Wasserstoffgas gefüllten Ballon mehr als zwei Stunden über Paris.
1785	7. Januar: Blanchard überfliegt in einem Ballon den Ärmelkanal.
1794	2. April: Die erste Luftschifferabteilung der Welt wird in Frankreich gebildet. Fünf Jahre später wird sie durch einen Erlaß Napoleons wieder aufgelöst.

Die vorzeppelinsche Geschichte der Luftschiffahrt

1852	Giffard baut ein mit einer Dampfmaschine ausgerüstetes Luftschiff.

136

1870/71 Während des deutsch-französischen Krieges verlassen zahlreiche
         Ballons mit Personen an Bord Paris.
1871   de Lome baut ein mit Muskelkraft betriebenes Luftschiff.
1872   Haenlein entwickelt ein mit einem Gasmotor ausgerüstetes Luft-
         schiff.
1874   In Frankreich wird wieder eine Luftschifferabteilung gegründet.
1879   Erster Aufstieg eines deutschen Luftschiffes mit Baumgarten an
         Bord.
1883   Die Brüder Tissandier bauen ein mit einem Elektromotor verse-
         henes Luftschiff.
1884   In Deutschland wird eine Luftschifferabteilung gegründet, deren
         Aufgabe darin besteht, die militärische Verwendung der Ballons
         zu überprüfen.
1884   9. August: Den französischen Hauptleuten Krebs und Renard
         gelingt mit dem Luftschiff „La France" ein aufsehenerregender
         25-Minuten-Dauerflug über Paris. Sie leiten damit die weltweite
         Entwicklung der Luftschiffahrt ein.
1887   Ziolkowski, der spätere Begründer der sowjetischen Weltraum-
         technik, entwickelt die Idee von einem Ganzmetallluftschiff mit
         Verbrennungsmotor.
1895   31. August: Unter der Nummer 98 580 wird Zeppelin für seine
         Idee von einem lenkbaren Luftfahrzug mit mehreren hintereinan-
         der angeordneten Tragballons das Schutzrecht vom Kaiserlichen
         Patentamt gewährt. Die Patentschrift wird der Klasse 77 „Sport
         und Spiele" zugeordnet.
1897   Wölfert verunglückt in einem mit Benzinmotor bestücktem Luft-
         schiff tödlich. Das von Schwarz entworfene und gemeinsam mit
         Berg gebaute Ganzmetallluftschiff zerschellt nach seiner ersten Auf-
         fahrt. Beide Luftschiffexperimente fanden im Beisein der Preu-
         ßischen Luftschifferabteilung statt.
1898 bis Der Brasilianer Santos-Dumont baut fünfzehn Luftschiffe, die er
1906   mit wechselndem Erfolg ausprobiert. Danach wandte er sich dem
         Prinzip „schwerer als Luft" zu.

Daten aus dem Leben von Ferdinand Graf von Zeppelin

1838   8. Juli: Ferdinand wird auf der „Insel", dem heutigen Inselhotel,
         in Konstanz, geboren. Er wächst in Konstanz und auf dem nahe-
         gelegenen Landgut Girsberg auf.
1850   Privatunterricht durch Hauslehrer Moser. Anschließend Abschluß-
bis   prüfung der höheren Schule in Cannstatt. Danach Beginn der Offi-
1853   zierslaufbahn und Besuch der Kriegsschule sowie des Polytechni-
         kums.
1857   21. Oktober: Beginn der militärischen Laufbahn.
1858   Beförderung zum Seconde-Leutnant.
1858/59 Universitätsstudium in Tübingen und Exkursionen in verschiedene
         europäische Länder.

| 1862 | Beförderung zum Premierleutnant. |

1862   Beförderung zum Premierleutnant.

1863   Von April bis Dezember bereiste Zeppelin Nordamerika, das sich zu jener Zeit in einem erbitterten Bürgerkrieg befand. Dort unternimmt er seinen ersten Ballonaufstieg.

1865   Ernennung zum Adjutanten des Königs von Württemberg.

1866   Beförderung zum Hauptmann.

1868   Zeppelin wird in den Generalquartiermeisterstab und zum Großen Generalstab Berlin versetzt.

1869   Mentor des Prinzen Wilhelm von Württemberg, des späteren Königs von Württemberg.

    7. August: Zeppelin heiratet Isabella von Wolff.

1870   24. Juli: Zeppelin unternimmt den in die Kriegsgeschichte eingegangenen Schirlenhofritt vor Ausbruch des deutsch-französischen Krieges.

    Während des Krieges beobachtet Zeppelin die zahlreichen Ballonflüge der Pariser Insurgenten.

1873   Beförderung zum Major.

1874   Versetzung zum Dragonerregiment 26 in Ulm.

    25. April: Erste Eintragung Zeppelins in sein Tagebuch über die Luftschiffidee.

1879   Beförderung zum Oberstleutnant.

    28. November: Zeppelins einziges Kind Helene, genannt Hella, wird geboren.

1882   Regimentskommandeur im Ulanenregiment 19 in Stuttgart.

1884   Beförderung zum Oberst.

1885   Zeppelin wird Württembergischer Bevollmächtigter in Berlin.

1886   Zeppelin wird zum Kommandeur der 27. Kavalleriebrigade ernannt.

1887   Ernennung als Außerordentlicher Württembergischer Gesandter und bevollmächtigter Minister beim Bundesrat in Berlin.

1888   Beförderung zum Generalmajor.

1890   18. November: Beförderung zum Generalleutnant à la suite des Königs von Württemberg.

    29. November: Verabschiedung aus dem Militärdienst.

1891   Zeppelin befaßt sich ernsthaft mit der Idee, Luftschiffe zu bauen.

1900   2. Juli: Start des ersten Luftschiffes Zeppelins in Manzell am Bodensee.

1906   17. Januar: Das zweite Luftschiff Zeppelins wird nach der Landung in Kißlegg im Allgäu zerstört.

1908   Das dritte Luftschiff Zeppelins wird nach mehreren erfolgreichen Fahrten von der Militärverwaltung gekauft.

1908   Luftschiffkatastrophe in Echterdingen. Unmittelbar danach erhält Zeppelin rund 6 Millionen Reichsmark aus „Hütten und Palästen" als Spende mit der Aufforderung, sein Werk fortzusetzen.

    Anläßlich seines 70. Geburtstages werden Zeppelin zahlreiche Ehrungen zuteil. Er wird Ehrenbürger mehrerer deutscher Städte und Ehrendoktor verschiedener Hochschulen.

1909   Zeppelin gründet den Luftschiffbau-Zeppelin.
        16. November: Aus der „Zeppelinstiftung" geht die erste Luft-
        reederei der Welt, die Delag, hervor.
        Danach entstehen weitere Tochterunternehmen des Luftschiffbau-
        Zeppelin sowie der Delag.
1913   Zeppelin gründet in Friedrichshafen eine für kapitalistische Ver-
        hältnisse beispielhafte soziale Einrichtung, die „Zeppelin-Wohl-
        fahrt GmbH".
1914   Bis zum Kriegsausbruch am 1. August hat die Delag mit ihren 7
        Luftschiffen auf 1 588 Fahrten insgesamt 34 028 Personen, darun-
        ter 10 197 Passagiere, befördert. Es ereignete sich kein Unfall.
1915   Zeppelin gründete weitere Tochterunternehmen, so die Zahnrad-
        fabrik in Friedrichshafen, die Werft und das Gaswerk in Staaken
        bei Berlin und die Ballonhüllen-Gesellschaft in Berlin-Tempelhof.
        Am 1. August nimmt Zeppelin am Flug eines in einem seiner Werke
        gebauten Riesenflugzeuges teil.
1916   29. Mai: Zeppelin befindet sich zum letzten Mal an Bord eines
        Luftschiffes.
1917   8. März: Ferdinand Graf von Zeppelin stirbt an einer Lun-
        genentzündung in Berlin. Er wird auf dem Pragfriedhof in Stutt-
        gart beigesetzt.

Die nachzeppelinische Ära der Zeppelin-Luftschiffe

1919   Die „Bodensee" (LZ 120) unternimmt im Auftrag der Delag mehr
        als einhundert Fahrten, meist zwischen Friedrichshafen und Berlin.
        Danach wird sie als Reparationsleistung an Italien ausgeliefert.
        Die Alliierten verbieten Deutschland Bau und Einsatz jeglicher
        Luftfahrzeuge. Die Luftschiffe, die noch nicht durch bewußte Zer-
        störung des Luftschiffpersonals verlorengegangen sind, werden aus
        Deutschland entfernt.
1924   Eckener führt „ZR III" (LZ 126), das später „Los Angeles" ge-
        nannt wird, nach den USA.
1929   25. August bis 4. September: Weltrundfahrt des „Graf Zeppelin"
        (LZ 127).
1931   Forschungsfahrt des LZ 127 in die Arktis.
1936   LZ 129 „Hindenburg" beginnt den Liniendienst zwischen Europa
        und Nordamerika.
1937   6. Mai: LZ 129 stürzt aus unbekannter Ursache in Lakehurst (USA)
        ab. Es sind die ersten Todesopfer der zivilen Zeppelin-Luftschiff-
        fahrt zu beklagen.
        Dem LZ 127 werden weitere Fahrten untersagt.
1938   Das größte jemals gebaute Luftschiff LZ 130 unternimmt seine
        erste Probefahrt unter Eckener.
1940   6. Mai: Auf Befehl Görings werden beide noch existierenden
        Zeppeline abgebaut sowie alle Luftschiffhallen gesprengt. Damit
        endet die vierzigjährige Geschichte der Zeppelin-Luftschiffe.

Literatur

[1] Banse, G.; S. Wollgast: Biographien bedeutender Techniker, Ingenieure und Technikwissenschaftler. Berlin 1983.

[2] Bertram, H.: Götterwind. München 1980.

[3] Dürr, L.: Zeppelin-Luftschiffbau. Berlin 1924.

[4] Eckener, H.: Graf Zeppelin. Stuttgart 1938.

[5] Ege, L.: Ballons und Luftschiffe 1783–1973. Zürich 1975.

[6] Ganswindt, H.: Die Lenkbarkeit des aerostatischen Luftschiffes. Berlin 1884.

[7] Frankenberg, V. v.: Luftschiffahrt und Flugtechnik. Berlin 1912.

[8] Grieder, K.: Zeppeline – Giganten der Lüfte. Zürich 1971.

[9] Groehler, O.: Geschichte des Luftkrieges 1910–1980. Berlin 1981.

[10] Groß: Die Entwicklung der Motor-Luftschiffahrt im 20. Jahrhundert. Berlin 1906.

[11] Heimann, E. H.: Vom Zeppelin zum Jumbojet. Oldenburg und Hamburg 1971.

[12] Hildebrandt, A.: Die Luftschiffahrt. München und Berlin 1907.

[13] Kirchberg, P.; E. Wächtler: Carl Benz, Gottlieb Daimler, Wilhelm Maybach. Leipzig 1981.

[14] Kollmann, F.: Das Zeppelinluftschiff. Berlin 1924.

[15] Lehmann, E. A.: Auf Luftpatrouille und Weltfahrt. Leipzig 1937.

[16] Bauer, M.: Luftschiffhallen in Friedrichshafen. Friedrichshafen 1985. Aus der Reihe: Schriften zur Geschichte der Zeppelin-Luftschiffahrt. Bisher erschienen:
Tittel, L.: Die Fahrten des LZ 4, 1908. 1983.
Tittel, L.: Graf Zeppelin – Leben und Werk. 1986.
Tittel, L.: Zeppelin-Sammlung Heinz Urban. 1986.

[17] Lochner, W.: Weltgeschichte der Luftfahrt. Würzburg 1970.

[18] Nielsen, T.: Eckener. Bad Wörishofen 1954.

[19] Petter, G.; B. Garau: Ballons und Zeppeline. Würzburg 1980.

[20] Rosenkranz, H.: Ferdinand Graf von Zeppelin. Berlin 1931.

[21] Schiller, H.: Zeppelin. Bad Godesberg 1966.

[22] Schwipps, W.: Kleine Geschichte der deutschen Luftfahrt. Berlin 1968.

[23] Toland, J.: Die große Zeit der Luftschiffe. (Aus dem Amerik.) Bergisch Gladbach 1978.

[24] Voemel, A.: Zeppelin. Emmishofen 1908.

[25] Wissmann, G.: Geschichte der Luftfahrt von Ikarus bis zur Gegenwart. Berlin 1979.

[26] Zeppelin, F. v.: Die Mainzer Fernfahrt und das Unglück von Echterdingen. In: Bröckelmann: Wir Luftschiffer. Berlin 1909.

[27] Zeppelin, F. v.: Die Eroberung der Luft. Stuttgart/Leipzig 1908.

[28] Zeppelin, F. v.: Erfahrungen beim Bau von Luftschiffen. Berlin 1908.

[29] Ohne Verfasser: Im Fluge über den Ozean. Berlin 1924.

[30] Ohne Verfasser: Zeppelin-Weltfahrten. Ein Album. 1932.

[31] Zeppelin, F. v.: Entwürfe für lenkbare Luftfahrzeuge. In: Zeitschrift des Vereins deutscher Ingenieure. 1896, Nr. 15.

[32] Zeppelin, F. v.: Notruf zur Rettung der Flugschiffahrt. In: Die Woche, 3. 10. 1903.

[33] Hergesell, H.: Mit Graf Zeppelin im Luftschiff durch die Schweiz. In: Kirchhoff, A.: Die Erschließung des Luftmeeres. Leipzig 1910.

[34] Zeitschrift des Vereins zur Förderung der Luftschiffahrt. 3. Jg. Berlin 1884.

[35] Fischer, L.: Der junge Zeppelin. In: Zeppelin-Denkmal für das deutsche Volk. Stuttgart 1925.

[36] Teichmann, H.: Georg Baumgarten – Leben und Lebenswerk eines Flugpioniers. Grüna 1988.

[37] Seifert, J.: Die Luftschiffwerft und die Abteilung Seeflugzeugbau der Luft-Fahrzeug-Gesellschaft in Bitterfeld (1908–1920). Teil I. Bitterfeld 1988.

[38] Unveröffentlichter Brief Zeppelins an Kober.

[39] Aufruf des Vorstandes des Vereins deutscher Ingenieure. Sonderdruck. Berlin 1896.

[40] o. V.: Das Luftschiff des Grafen Zeppelin. In: Vorwärts – Organ der Sozialdemokratischen Partei Deutschlands. Nr. 152, vom 4. 7. 1900.

[41] Moedebeck, H.: Bericht über den ersten Fahr-Versuch mit dem Luftschiff des Grafen Zeppelin. In: Illustrierte Aeronautische Mitteilungen. Sonderheft. Straßburg 1900.

[42] Zeppelin, F.: Bericht über das Ergebnis der ersten Auffahrt unseres Luftfahrzeuges. Aufruf. Friedrichshafen im Juli 1900.

[43] Stephan, H.: Weltpost und Luftschiffahrt. Ein Vortrag. Gehalten im Wissenschaftlichen Verein zu Berlin am 24. Januar 1874. Berlin 1874.

[44] In: Die Militärluftfahrt bis zum Beginn des Weltkrieges 1914. Anlagenband. Frankfurt a. M. 1966.

[45] Zeppelin, F.: Über die Aussicht auf Verwirklichung und den Wert der Flugschiffahrt. Vortrag gehalten am 7. Januar 1901.

[46] Illustrierte Aeronautische Mitteilungen. 5. Jg. Straßburg 1901.

[47] Eckener, H.: Die neue Versuchsfahrt des Grafen Zeppelin. In: Frankfurter Zeitung. Nr. 18, vom 19. 1. 1906.

[48] Eckener, H.: Das Ende des Zeppelinschen Luftschiffes. In: Frankfurter Zeitung. Nr. 19, vom 20. 1. 1906.

[49] Brief Eckeners an Zeppelin vom 3. 2. 1906.

[50] Der Chef des Generalstabes der Armee an die General-Inspektion des Militär-Verkehrswesens vom 2. 1. 1912.

Personenregister

Familie Zeppelin:

Biographien von Technikern in dieser Reihe:

Band	Autor und Titel	Preis	Bestell-Nr.
11	Kauffeldt: O. v. Guericke	5,60	665 663 8
21	Astaschenkow: S. P. Koroljow	10,00	665 778 8
23	Schreier/Schreier: T. A. Edison	6,00	665 776 1
25	Wächtler/Mühlfriedel/Michel:		
	R. Rammler	5,00	665 775 3
31	Kaiser: J. A. Segner	4,50	665 840 6
32	Sittauer: N. A. Otto und R. Diesel	6,40	665 883 6
37	Kästner: J. Gutenberg	3,50	665 866 8
43	Kosmodemjanski:		
	K. E. Ziolkowski	10,50	665 930 2
51	Richter-Meinhold:		
	H. Bessemer und S. G. Thomas	4,80	666 039 7
52	Kirchberg/Wächtler:		
	C. Benz, G. Daimler, W. Maybach	6,80	666 042 6
53	Sittauer: J. Watt	6,80	666 038 9
59	Sittauer: F. G. Keller	6,80	666 092 8
63	Kant: A. Nobel	6,80	666 152 5
68	Beckert: J. Beckmann	6,80	666 151 7
81	Waßermann: O. Lilienthal	4,80	666 268 3